破案！发现中国动物

GO! Find the Native Animals

米莱童书 著/绘

北京理工大学出版社
BEIJING INSTITUTE OF TECHNOLOGY PRESS

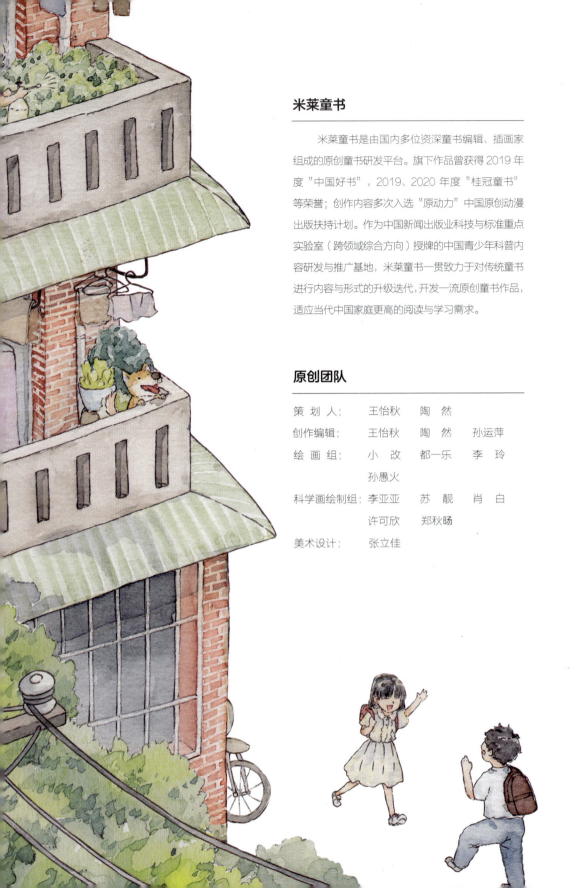

米莱童书

米莱童书是由国内多位资深童书编辑、插画家组成的原创童书研发平台。旗下作品曾获得2019年度"中国好书",2019、2020年度"桂冠童书"等荣誉;创作内容多次入选"原动力"中国原创动漫出版扶持计划。作为中国新闻出版业科技与标准重点实验室(跨领域综合方向)授牌的中国青少年科普内容研发与推广基地,米莱童书一贯致力于对传统童书进行内容与形式的升级迭代,开发一流原创童书作品,适应当代中国家庭更高的阅读与学习需求。

原创团队

策 划 人:	王怡秋　陶然
创作编辑:	王怡秋　陶然　孙运萍
绘画组:	小改　都一乐　李玲　孙愚火
科学画绘制组:	李亚亚　苏靓　肖白　许可欣　郑秋旸
美术设计:	张立佳

目录 CONTENTS

第一章　不翼而飞的薯片 …… 6
　　麻雀 …………………… 10
　　家犬 …………………… 14
　　家猫 …………………… 18
　　红嘴鸥 ………………… 22
　　大嘴乌鸦 ……………… 26
　　猕猴 …………………… 30

第二章　我想有位宠物朋友 …… 32
　　中华草龟 ……………… 36
　　锦鲤 …………………… 40
　　家兔 …………………… 44
　　梅花鹿 ………………… 48
　　花鼠 …………………… 52
　　野猪 …………………… 56

第三章　熟悉的动物邻居 …… 58
　　东北刺猬 ……………… 62
　　多疣壁虎 ……………… 66
　　中华大刀螳 …………… 70
　　家鸽 …………………… 74
　　东北虎 ………………… 78
　　桑蚕 …………………… 82

第四章　雨后的意外惊喜 …… 84
　　黑斑侧褶蛙 …………… 88
　　江西巴蜗牛 …………… 92
　　环毛蚓 ………………… 96
　　蚱蝉 …………………… 100
　　扬子鳄 ………………… 104
　　貉 ……………………… 108
　　雕鸮 …………………… 112

第五章　真相大白 …………… 114
　　普通蝙蝠 ……………… 118
　　喜鹊 …………………… 122
　　黄鼬 …………………… 126
　　雪豹 …………………… 130
　　黑眉锦蛇 ……………… 134
　　"薯片大盗" …………… 136

"薯片大盗"是谁呢？

午后温暖的阳光透过窗帘照进安安的家中,安安躺在沙发上看着书,宠物狗西瓜在沙发边沐浴着阳光,打着盹,和安安一起享受着慵懒的午后时光。

突然,原本在安安脚边趴着的西瓜一下子冲着窗边叫了起来,眼睛也直视着客厅西边窗户的位置,不知看见了什么让它有这样的反应。

安安开始还吓了一跳,不过仔细听了听,外面好像有些细小的动静。

　　看见西瓜的强烈的反应,安安不住地安抚着它,接着走到了那扇让西瓜警觉的窗前。

　　西边是隔壁李伯伯家的院子,安安经常能从客厅西边的窗户看见李伯伯在院子里嗑瓜子。原以为这次还是李伯伯的声音,可安安往外一看,却什么也没有看见,"奇怪,刚才的声响明明听起来像是李伯伯院子里传出来的呀。"

　　安安抱着西瓜,又仔细听了听,却再也没听见那声响了。

　　"也许是风吹掉了什么吧。"安安便没再多想,回到沙发上看起了书,西瓜又看了眼窗外,然后沉默地回到了安安身边,安静地趴在地板上,仿佛刚刚什么都没有发生。

　　于是,世界的时钟照常运行,在安安看不见的角落里,故事悄然上演。

自然学习指南 | 破案！发现中国动物

第一章 不翼而飞的薯片

好不容易到了周末，安安像往常一样约了乐乐去打网球。可刚出家门，安安就听见隔壁李伯伯家传来哭闹的声音——原来是李伯伯的小孙女果果。

安安连忙走过去帮李伯伯安慰着小果果，然后才得知，果果的零食又被"偷"了。

事情的起因，得回到前几天的一个下午。

那天下午，果果把一包没吃完的薯片放在院子的小椅子上，回屋去拿东西。没想到，一回头的功夫，袋子里的薯片都不见了，只有一些捏都捏不起来的碎屑。

"起初大家都没在意，刚刚又发生了同样的情况。"李伯伯坐在石凳上，望着那空空的小椅子，拍着膝盖继续说道。

安安疑惑不解，连忙继续问，"那有人进来过吗？"

"人影都没瞟见的,零食就不见了,连包装纸都没了,"李伯伯开着玩笑对安安说,"附近这么多小动物,没准是哪个小动物干的呢!"

说着,李伯伯就给安安讲起了那天几只小麻雀来偷吃大家在院子里刚晒好的谷子的事情,听得果果都直嚷嚷:"一定是麻雀偷走了我的薯片!"

李伯伯摇着头哈哈大笑,他劝果果,就是丢了半包薯片,改天带着她去买新的。可是安安不觉得这是件小事,她看着一旁还在委屈的果果,下定决心要找出这个"偷"薯片的盗贼。

说做就做,安安连忙约好乐乐在李伯伯家门口碰头,一起查出这个猖狂的"薯片大盗"。

"什么？薯片大盗？！"听到这么离奇的事情，乐乐发出一声惊呼。

安安将事情的详细经过一五一十地告诉了乐乐，听说要捉拿"薯片大盗"，乐乐脸上满是惊喜的表情，当大侦探一直都是乐乐的梦想。

紧接着，安安和乐乐两人讨论起此次"案件"的调查计划。

"李伯伯说这附近经常能碰见小动物，"安安压低声音向乐乐说着，"既然这样，我们可以从身边的蛛丝马迹来着手调查。"

这时，几声叽叽喳喳的叫声吸引了两人的注意，安安转头一看，这不就是李伯伯刚刚说过的麻雀！

"它们这么频繁地来李伯伯的院子，会不会就是它们偷的薯片啊？"乐乐变得警惕起来，"现在正好是收获的季节，不知道多少稻谷要被偷吃，它们也太坏了，这让种粮户们多着急啊！"

说着，乐乐拿起一旁的小杆子，赶走了李伯伯屋顶上的麻雀们。

"但我记得爸爸之前说过，麻雀数量多是生态良好的体现，"安安微微皱了皱眉头，"我们该不该这样赶走麻雀呢？"

听安安一说，乐乐也愣在原地，有些不知所措。

不过很快，乐乐眼睛里重新泛起了波光，他想到了一个好主意，"我们可以发邮件问一下何博士，他可是有名的动物专家呢！"

博士回信时间

乐乐、安安：

很高兴收到你们的邮件，也非常感谢你们关注到麻雀这种好奇心极强、平凡又活泼的小生命。然而，看似无忧无虑的它们，却有着不为人知的艰辛生活。

麻雀的天敌不仅有隼等猛禽，甚至喜鹊之类的杂食性鸟类也会偶尔拿麻雀开荤。另外，麻雀喜欢和人类"比邻而居"的一大原因是它不善筑巢，可以在人类房舍的孔洞安家。但随着社会经济发展，现代建筑让麻雀越来越"无隙可乘"，园林部门为防虫会填充行道树的孔洞，麻雀不得不花费更多的时间去寻觅栖身之所。

当然，麻雀最大的艰辛源自长期以来被人误解、滥捕。比如五代时，官府会因为麻雀"损耗"粮食而要求百姓缴纳一笔名为"雀鼠耗"的额外附加税。人们视麻雀为害鸟。实际上，在庄稼成长的春季，麻雀为了养育幼鸟会大量捕食昆虫，其中相当多是害虫。所以，从整体来看，麻雀对农业生产、生态平衡"功"大于"过"。

近年来随着社会环保意识的提高，麻雀种群也明显复苏，但一部分人对保护动物的认识还停留在保护美丽、珍稀动物的层面。的确，麻雀其貌不扬，不善高飞，不会迁徙，总是灰头土脸的样子，但在北方漫长的冬季，冰封的旷野一片寂静时，麻雀叽叽喳喳的叫声，总能给人带来亲切的生机。乡村田野是人的故土，也是野生动物的家园，无论它们是珍稀奇异，还是平凡渺小。

对了，记得拍下小动物的照片哦，相信这会对你们的调查起到帮助。

爱护平凡动物的何博士

自然学习指南 | 破案！发现中国动物

动物调查档案

麻雀
Passer montanus

目 雀形目
科 雀科
属 麻雀属
绘制 肖白

别看我灰头土脸的，但我也很可爱！

"三有"动物 安安

博士的话提醒了我,并非只有珍禽异兽才是需要保护的动物。国家林业和草原局将麻雀纳入《国家保护的有重要生态、科学、社会价值的陆生野生动物名录》加以保护。除了麻雀,青蛙、蟾蜍、壁虎、野鸡以及蛇类也是常见的"三有"动物。

麻雀可以被驯化吗? 乐乐

极少有人饲养麻雀,麻雀一旦被抓在笼中,会持续处于高度紧张的状态而无法进食,同时会不顾疼痛地撞击笼网,此时对其稍有刺激便很容易导致死亡。鲁迅在《从百草园到三味书屋》里提到冬天设陷阱捕鸟时"所得的是麻雀居多,也有白颊的'张飞鸟',性子很躁,养不过夜的"就是对动物强烈应激反应的真实写照。

麻雀的"沙浴" 安安

我和乐乐在观察麻雀时,发现它们一个有趣的习性——爱在沙土里打滚。它们钻进沙土里,甩头把沙土扬到身上,再摇晃抖落,看起来"玩"得不亦乐乎。实际上,这是麻雀在"洗澡",通过摩擦让沙土带走污垢和寄生虫。鸟类普遍喜欢洗澡,麻雀等栖息在近地面的小鸟更喜欢以沙代水的"沙浴"。

麻雀有可能偷吃薯片,尽管还没发现证据,但是暂时未排除麻雀的嫌疑。

第二天一早，乐乐就和安安约好在公园见面，一起分享彼此收集到的资料。

早到一会的乐乐坐在公园的长椅上，思绪拉回到那天的"薯片大盗"事件。突然，乐乐的耳边传来一阵局促的脚步声打破了他的思绪，扭头一看，原来是安安家的小狗——西瓜！

跟在西瓜后面的安安气喘吁吁地跑到了乐乐的跟前。

两人碰头之后，讨论起了上次两人怀疑的对象。

由于搜集到的信息太多，两人决定将资料写进一个共同的笔记本里，连同查阅到的动物照片一起整理成动物档案，作为此"案件"侦办的过程明细。

"但麻雀是杂食性动物，"安安低头看着那张麻雀的"证件照"，"网上也出现过它们偷吃人类零食的案例，所以不能排除它的嫌疑！"

看着安安一脸严肃，乐乐又转头看着蹲坐在旁边歪头微笑的西瓜，喃喃道："如果现场还有包装纸和残留的气味，让西瓜靠嗅觉闻出那个'薯片大盗'的话，事情就简单多了！"

说到西瓜，安安跟乐乐讲起西瓜同她心有灵犀的趣事。

"为什么狗狗会与主人有着这样的默契呢？"安安摸了摸西瓜的小脑袋，不由得好奇，同时也有些惭愧，"我对它的了解似乎远远少于它对我的了解呢……"

坐在长椅上乐乐俯身看着西瓜，"也许何博士比我们更了解狗狗呢！"

"对呀！"安安顺势抱起西瓜，对乐乐说，"我也想给何博士看看我的西瓜，他肯定也喜欢它！"

博士回信时间

安安：

　　很高兴你体验到了动物伴侣带来的快乐。当然，这不仅仅是快乐，这也意味着责任，而你也要成为一个文明且尽责的主人。

　　作为历史最久的伴侣动物，狗被称为人类"最忠诚的朋友"——这一特质是从有着等级观念和服从意识的狼身上继承的。由于这种意识早已融入基因，狗往往将主人视为头领，极为忠诚、服从。除此之外，狗还从祖先身上继承了敏锐的感官能力，尤其是嗅觉极为出众。人类利用狗的这一特长，训练狗协助人类进行狩猎、追踪和缉毒，让狗不仅成为可亲的生活伴侣，也成为可靠的工作助手。

　　被人类驯化至今，狗已分化出400多个品种，照片中这只乖巧的小狗，则是中国最古老的犬种之一——中华田园犬。田园犬的毛色很杂，常见的是麦黄色，因而时常被昵称为"大黄"。它很少生病，食性广杂，简单的照料就能让它茁壮生长。性格温顺的"大黄"护主时机警勇敢，非常适合看家护院，自古以来便是中国人的好帮手。比如宋朝词人苏轼的一首出猎词里就有"左牵黄，右擎苍"的句子。今天，越来越多的人也爱上了田园犬，尽管在城市中已没有田园需要它们看守，但它们仍用活泼的身姿、体贴的灵性以及所传承的乡土记忆和田园气息，抚慰着主人的心灵。

　　这些不会说话的伙伴会通过耳朵、嘴巴、脖颈、尾巴等部位的活动来传达情绪或意图，仔细观察它的肢体动作，相信你能渐渐读懂这位忠诚朋友的特殊"语言"。

爱狗的何博士

自然学习指南 | 破案！发现中国动物

动物调查档案

嗨！我是西瓜！

家犬
Canis lupus familiaris

目 食肉目
科 犬科
属 犬属
绘制 郑秋旸

狗的肢体语言 安安

狗狗虽然不会说话,但是会通过肢体动作来表达情绪:高兴的时候,它会使劲地左右摇尾巴;难过的时候,它的尾巴会垂下来;生气的时候,它全身僵直,展开四肢,还会露出牙齿,发出"呜呜"的低沉声音;紧张的时候,它会竖起耳朵,警惕地注视着四周。

"狗"和"狼"的渊源 乐乐

狗是最早被驯化的动物,大约1.5万年前~4万年前,欧亚大陆上一些野性相对较弱的狼为了获取食物试着接近人类部落,它们的幼崽被人收养、和人一起长大,一代又一代后,逐渐演化成了更适应与人相伴生活的狗。在这一漫长过程中,它们的性格和身形发生了很大的变化,形成了今天的许多犬种。

"犬"字的由来 乐乐

书法老师给我们展示了好多图画一样的文字,这正是汉字的雏形——甲骨文。我发现有一个字着力刻画动物卷曲上翘的尾巴,因此大胆猜测这个字代表狗。果然,这正是甲骨文中的"犬"字,看来古人造字时很准确地抓住了狗的特征。从甲骨文到现代常用字体的演变也从侧面证明了狗陪伴人的悠久历史。

西瓜不喜欢吃薯片,排除嫌疑!

"告诉你一个好消息！雪糕回来了！"乐乐迫不及待地给安安打电话分享今早听到的好消息。

雪糕是邻居爷爷家里养的猫，也是爷爷的心头宝贝，平时爷爷便无微不至地照顾雪糕，自从得知它怀上猫宝宝之后，爷爷更是给它补充羊奶、虾皮之类的营养品。

可前段时间雪糕忽然失踪了，爷爷和家人焦急地四处寻找，安安和乐乐得知后也一起帮忙，可是都一无所获。

直到今天一早，爷爷告诉乐乐，雪糕居然叼着几只小猫回来了！

"太好了！"电话那头的安安欢呼起来，悬着的心终于落下来了。

"大家看到雪糕能回来都好惊喜，"乐乐继续对安安说，"听说很多人都想向爷爷讨要一只小猫来收养呢！"

开心之余，这让安安想到一个问题，"爷爷明明对雪糕这么好，它为什么还是要离开家呢？"

这个问题把乐乐也难住了，一时半会也没想出个所以然。

"何博士肯定会帮助我们了解猫咪这种动物的！"

博士回信时间

乐乐：

很开心听到猫妈妈母子平安的好消息。许多动物和人一样，对后代爱之深切。可能是邻居爷爷家外的环境让猫妈妈感到紧张，所以去寻觅安全隐蔽的地方作为"产房"。

猫就是这样敏感。这不奇怪，家猫在大约 4000~10000 年前被人类驯化，被驯化的时间短于狗，而且家猫的祖先——非洲野猫是独居动物，没有群居动物的等级观念和服从意识。所以猫时常表现出"高冷"的姿态。

不过这并没有影响人们对于猫的喜爱。为了对付鼠患，中东、北非一带的人们首先将野猫驯化成家猫。而猫之所以善于捕鼠，得益于它捕猎机器般的身体构造：猫有着相当于触觉感受器的胡须，赋予猫在复杂地形中灵活穿行的行动力；猫的耳朵能准确识别声音的方向和位置，赋予猫犹如雷达一般精准锁定目标的听力；猫眼睛中的照膜可以将光线再次反射到视网膜上，赋予猫洞若观火的夜间视力……

但祖先高超的捕猎技巧却在今天为一类社会与生态问题埋下了伏笔——流浪猫是造成城市鸟类意外死亡的主要元凶之一，在一些地区甚至造成了生态危机。所以，一定要照顾好自己的宠物，不能遗弃，这是对动物的爱，也是对社会的责任。

从一而终照顾宠物的何博士

自然学习指南 | 破案！发现中国动物

动物调查档案

我的耳朵会动哦！

家猫
Felis catus

目 食肉目
科 猫科
属 猫属
绘制 苏靓

猫的肢体语言 安安

自从研究过狗狗的肢体语言,我发现猫也有自己的肢体语言:放松时,全身显得松弛,尾巴悠悠摆动,喉咙里会发出浅浅的呼噜声;不高兴时,尾巴会快速摆动;紧张时,猫的瞳孔会放大变圆,耳朵会往后或是往旁边下压,脸部的表情会变得僵硬,身体有时还会伏低;生气或受惊时,猫的背部会弓起来,毛发竖立,有时还会龇牙咧嘴,发出就像是蛇吐信子的"嘶嘶"声。

古人也爱猫 乐乐

古人爱猫、养猫,也研究猫。清朝人黄汉编写了中国第一部关于猫的专著《猫苑》。书中记载了猫的种类、对猫的赏鉴,以及有关猫的典故、诗文及传说。黄汉还记录了爱猫人根据猫的毛色起的别名,比如纯白色的猫叫"尺玉",白足的黑猫叫"踏雪寻梅"……这些诗情画意的名字洋溢着古人对猫的喜爱。

猫为什么不是生肖? 安安

最早驯养猫的是中东、北非一带的古人,直到汉朝家猫才传入中国。根据湖北云梦和甘肃天水出土的秦朝简牍显示,先秦时期便出现了较为完整的生肖系统,东汉时期已有文献记载与现代相同的十二生肖。也就是说,在家猫赢得中国人的宠爱之前,十二生肖已经定型,猫遗憾地与生肖的位置失之交臂。

雪糕在忙着照顾小猫,大概没有时间偷薯片,暂且排除,但是不排除有其他小猫前来偷薯片。

"能在人眼皮子底下神不知鬼不觉偷走薯片,它除非长着翅膀,不然怎么会溜得这么快呢?"安安躺在床上,还在回想着李伯伯的话,自言自语道。

就在安安想得出神的时候,乐乐的电话打了过来。

"安安!我在网上查阅资料的时候,有了新的发现!"安安刚接电话,就听见乐乐在电话那头兴奋的声音,"你听说过红嘴鸥吗?它也喜欢吃人类的零食"。

听到是鸟类,安安有些欣喜,"这么说,你也怀疑是会飞的小动物啦?"

"总不能相信薯片自己会飞走吧?那还不如相信西瓜会说人话呢!"电话那边传来乐乐爽朗的笑声,"所以我猜,很可能是个身手矫健且会飞的家伙!"

紧接着,乐乐开始向安安科普着最新一期《动物日报》上红嘴鸥的新闻。

"唯一遗憾的是,现在是冬季,它们应该在南方,并且红嘴鸥喜欢在湖泊和河口出没,所以暂且排除嫌疑,"乐乐顿了顿,接着又兴奋地说,"但我发现,《动物日报》的特约记者是何博士哦!"

乐乐的这一发现,让安安既惊讶又开心。

"这样一来,想了解红嘴鸥新闻背后的故事,就方便多啦!"

不远万里的北方来客

《动物日报》
——一月特刊——

　　1985年的初冬,昆明市民惊奇地发现一批从未见过的鸟儿停歇在市区水域。它们的外形与鸽子很像,有着橙红色的喙,与驻足观望的市民好奇地互相打量——这一幕正是红嘴鸥第一次造访昆明的情景。

　　红嘴鸥是一种候鸟,冬天从蒙古国、俄罗斯、我国新疆飞来温暖的春城越冬。人们对这些不远万里的北方来客非常呵护——昆明市多次发布保护红嘴鸥的通告,成立了红嘴鸥协会。为了改变盲目投喂的现象,昆明市还制定了符合红嘴鸥营养需要的鸥粮生产标准,组织合理投食,并放养鱼虾以便于它们觅得天然食物。在各种宣传和志愿活动的推动下,爱鸟护鸟的社会风尚逐渐形成。同时,滇池治理等生态修复工程明显改善了红嘴鸥等野生动物的栖息环境。因此,30多年来红嘴鸥年年去而复返,从不爽约,并从最初的数千只壮大到如今的4万多只,成为昆明旅游的一张名片,远近游客慕名而来。生态文明成绩斐然的昆明也成为2021年联合国《生物多样性公约》缔约方大会的举办地。人类爱护动物,动物也让生态文明的理念深入人心。我们期待这样的良性循环能在更多地方实现。　(●特约记者 何博士)

保护等级	国家"三有"保护动物
种群现状	野外种群生存状态良好
主要保护措施	科学投喂,引导人们树立保护红嘴鸥的意识,为红嘴鸥营造舒适的栖息环境

自然学习指南 | 破案！发现中国动物

动物调查档案

戴上"黑头套"，我就能吓唬其他的鸥了！

红嘴鸥
Chroicocephalus ridibundus

- 目 鸥形目
- 科 鸥科
- 属 彩头鸥属
- 绘制 肖白

红嘴鸥的迁徙路线

安安

经过追踪，研究者发现昆明的红嘴鸥主要来自蒙古国乌布苏湖、俄罗斯贝加尔湖、我国新疆的博斯腾湖。红嘴鸥是一种候鸟，冬天从遥远的蒙古国、俄罗斯、我国新疆飞来温暖的春城越冬。冬天结束后，它们再经由四川、陕西、青海、宁夏、甘肃、内蒙古等地返回出发地。这浩荡的旅程跨越数千公里，最长要花费几个月时间。

自由自在的鸥

乐乐

学校要举行古诗比赛，读诗中我发现诗人喜欢用"鸥"来表达自由自在、无拘无束的意境。比如诗圣杜甫常常描写鸥："舍南舍北皆春水，但见群鸥日日来""自去自来梁上燕，相亲相近水中鸥""白鸥没浩荡，万里谁能驯"……在诗人的笔下，鸥时而在幽静的乡村翩翩翻飞，时而在浩荡的江面飘飘远逝，也许诗人也想像它们一样自由地翱翔在天地之间！

红嘴鸥与海鸥

安安

我第一次见到红嘴鸥时还误以为是海鸥。我对比了红嘴鸥和海鸥的照片，发现它们在外形上最明显的区别就是喙和脚的颜色：红嘴鸥的喙和脚是红色或橙红色的，海鸥的喙和脚则多呈黄色。另外，红嘴鸥和海鸥都会"变装"，羽色在冬天和夏天各有特点。

经调查，红嘴鸥多生活在湿地地区，附近没有湿地，排除红嘴鸥嫌疑。

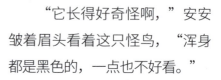

安安把这几天查阅到的资料稍作整理后,就出门去赴和乐乐的网球之约。结果,刚出门安安听到一个奇怪的叫声。

安安抬头看去,看见一只其貌不扬的黑色大鸟,恰好乐乐从远处走来,安安连忙招呼他,两人一起躲在角落里,观察着这只黑色大鸟正在做的滑稽事——

它正衔着一根树枝,停在树干上不断扭动、旋转。过了一会儿,它居然从树干的缝隙中"钓"出了一只虫子,原来这支树枝是它钻探钩取的工具。

"它长得好奇怪啊,"安安皱着眉头看着这只怪鸟,"浑身都是黑色的,一点也不好看。"

不过,虽然外貌让安安喜欢不起来,它聪明的小脑瓜却让安安发出一阵感叹。

"它竟然知道用树枝当工具来吃虫子!"安安看着在树枝上成功吃到虫子的怪鸟,然后对乐乐说,"但使用工具不是人类的'专利'吗?"

"这只鸟好像是乌鸦",乐乐看着那只怪鸟说,"听说乌鸦智商很高,说不定它跟这次的'薯片大盗'事件有关呢!"

"看来得问一下何博士了,我们也需要更进一步了解它!"

博士回信时间

安安：

人类能从动物中"脱颖而出"，与对工具的发明密不可分。尽管动物不会发明，但一些动物会使用天然的工具。乌鸦正是这样一种聪明的动物。

你可能读过乌鸦喝水的寓言，尽管故事是虚构的，但"歪打正着"地反映出乌鸦的才智。乌鸦不仅会利用天然的工具，还可以在行为决策中表现出一定的逻辑性，比如有学者观测到住在海边的乌鸦会通过多次实验学会了把海螺抓起飞到高度足够合适的空中投下，以摔碎螺壳吃到螺肉。这体现出乌鸦对自己的行为是有记忆的，并能根据经验修正判断。"鸟中诸葛"之称，乌鸦当之无愧。

乌鸦之所以有这样的智商，一方面是因为先天优势——乌鸦有着比其他鸟类优越的大脑容量与身体的比例；另一方面离不开后天学习——乌鸦的寿命长达10多年，有机会在漫长的群居生活中交流生存经验，甚至传授给下一代。

而乌鸦的形象曾经历神鸟、吉鸟、恶鸟的"滑坡"。上古先民将乌鸦视为太阳的象征。后来，古人相传小乌鸦长大后，会反哺年迈的父母，是孝亲祥瑞的象征。但由于乌鸦有食腐的习性，经常凭借灵敏的嗅觉寻觅腐尸，人们逐渐把乌鸦和死亡联系在一起。加上乌鸦叫声凄厉、遍体乌黑，它的形象从可亲的"慈乌反哺"变成了令人嫌恶的"乌合之众"。

作为最聪明的鸟类之一，乌鸦有很大的科研和生态价值，我们欣赏乌鸦的智商，也应"爱屋及乌"地包容它的天性。

为乌鸦正名的何博士

动物调查档案

大嘴乌鸦
Corvus macrorhynchos

目 雀形目
科 鸦科
属 鸦属
绘制 肖白

中国常见的鸦科鸟类 安安

"乌鸦"是雀形目鸦科成员的泛称,大多数乌鸦通体漆黑,但也有例外。渡鸦:体型最大的乌鸦,全身羽毛黑色,阳光下略带紫蓝色的金属光泽;白颈鸦:为数不多的并非通体乌黑的乌鸦,颈部和胸部的羽毛是白色的;秃鼻乌鸦:全身黑色,喙部附近裸露的灰白色皮肤是它的标志性特征;大嘴乌鸦:最常见的乌鸦种类之一,全身黑色,喙格外粗大,额头明显突出。

乌鸦与工具 乐乐

我们偶然目睹的这一幕其实是动物学家的重要研究课题,有学者专门跟踪观测乌鸦,发现乌鸦会花费大量时间寻找形状合适的树枝以钩取深藏在树干里的虫子。乌鸦甚至很注意保管工具,用完后会小心翼翼地踩在脚下,或是插在附近的树皮缝隙中以免丢失。

"慈乌反哺"的真相 乐乐

"慈乌反哺"实际上是一个美丽的误会。一些种类的乌鸦存在多个家庭成员协助父母共同照顾雏鸟的现象,这些"协助者"是双亲上一窝生育的后代,也就是这一窝雏鸟的哥哥姐姐们。也许古人见到一些尚未成年的乌鸦往窝里送食物,便误以为它们是在孝敬父母。但这一典故寄托了人们对父母与子女之间美好感情的期许,因而已成为一个经典的文学意象。

未排除嫌疑

调查结果

"还有哪些爱吃人类零食的动物呢？"安安坐在电脑前输入着"动物"和"零食"等关键词，希望可以取得一些新的线索。

但《动物日报》最新的报道一下子吸引了安安的注意力。

"黔灵山的'泼猴'？"看到这个标题，安安好奇地点进链接，发现原来是由于人为不恰当的投喂方式，导致猕猴们开始大胆抢夺人类物品的事件，这些物品中就包括人类的食物。更可怕的是，猕猴的袭击甚至还使人们受到不同程度的伤害。

看完这个新闻，安安陷入了沉思。

"它们变成这样原来都是我们人类造成的啊！"安安向下滚动着鼠标，看到了现场的事故图片，不由得想起爸爸之前带她去动物园看猕猴的时候拍摄的照片。

安安从相册里拿出那天动物园拍摄的猕猴照片，照片里的几只猕猴互相梳理着毛发，看起来既安静又亲密，安安不忍心将照片中的猕猴与刚才的报道联系在一起。

"何博士说的对，人与野生动物相处要有边界，我得告诉乐乐这个重要的消息，"安安拿出笔记本，将消息记录在上面，"不过，猕猴为什么这么热衷于给对方梳理毛发呢？我得查资料看看。"

黔灵山的"泼猴"

《动物日报》
——三月特刊——

"山中无老虎，猴子称大王"，这句俗话放在贵阳黔灵山上再贴切不过。野生猕猴原本生性警惕，但黔灵山的猕猴随着与人的频繁接触而越来越大胆，从小心翼翼地接受投喂发展到主动讨要甚至撕扯、哄抢，成了名副其实的"泼猴"。由于没有天敌，黔灵山的猕猴已达 1200 余只，仅 4.2 平方千米的公园承载不了如此庞大的种群。猕猴常常外溢到周边，威胁市民安全与城市秩序。据统计，黔灵山猕猴袭击的伤者已达 2 万多人次；贵阳市区还发生多起因猕猴攀爬变压器导致的停电事故；地铁站也出现过猕猴，所幸没有造成重大事故。当地林业部门目前正着手进行分流，将一部分猕猴转移出黔灵山。

而这一切真的应当归咎于"泼猴"吗？实际上，黔灵山的猕猴并非严格意义上的野生种群，而是 60 多年前从科研机构逃逸的实验猴的后代。20 世纪 80 年代，公园为了发展旅游业而开展人工驯养，加上游客的投喂行为越发泛滥，猕猴数量剧增，造成今天"泼猴成灾"的局面。因为管理不善让养殖动物逃逸并野化、为了吸引游客而组织驯养、出于盲目的爱心而投喂……由此来看把它们变成泼猴的正是人类自己。我们必须认真思考，人与野生动物的相处边界到底在哪里。（●特约记者 何博士）

保护等级	国家二级保护动物
种群现状	野外种群生存状态良好
主要保护措施	积极宣传与猕猴的正确相处方式，引导人们减少对野生猕猴的投喂行为

自然学习指南 | 破案！发现中国动物

动物调查档案

妈妈的怀抱就是我的避风港！

猕猴
Macaca mulatta

目 灵长目
科 猴科
属 猕猴属
绘制 郑秋旸

猕猴为什么会互相清理毛发 乐乐

互相梳理毛发是猕猴的社交方式。如果两只猕猴发生了冲突，事后会通过互相理毛的方式修复关系，其他猕猴有时也会加入，如同在劝解矛盾。研究者还发现猕猴更愿意与为它梳理过毛发的同伴分享食物，互相梳毛是猕猴之间友谊的体现。

猴与猿的区别 安安

猿与猴都属于灵长目，但仔细观察，它们之间有不同。猿的体型通常更大，肌肉更发达，上肢比下肢长，尾巴则很不明显，常见的猿包括猩猩、长臂猿。猴的体型通常较小，上肢和下肢的差别没有那么大，尾巴较长，常见的猴包括猕猴、叶猴、金丝猴。

猴在传统文化中的寓意 乐乐

"猴"由于与"侯"谐音，因而寄托着古人封侯晋爵的愿望。传统纹饰中常有这样的图样：猴子骑在马背上，寓意"马上封侯"；猴子骑在另一只猴子背上，寓意"辈辈封侯"。古人丰富的想象力并不限于此，中国文化中的经典形象——孙悟空的原型也是猕猴。

猕猴的食谱 安安

野生猕猴主要以树叶、嫩枝和野果为食，有时也吃鸟蛋、昆虫，冬天食物短缺时还会盯上农家的谷物。人的食物未必适合猕猴，人的投喂可能会对猕猴造成伤害，还会让猕猴逐渐丧失野外生存能力。所以对于野生动物，可远观而不可随意投喂。

附近没有野生猕猴，排除嫌疑。

第二章 我想有位宠物朋友

"最近的资料实在太多了,一本笔记本都快装不下啦!"乐乐埋怨道。

自从两人成为"薯片大盗"的小侦探,查阅到的动物资料越来越多,这些资料包括何博士的回信,安安和乐乐的调查报告和动物观察记录,《动物日报》里的剪报,还有两人给"嫌疑"动物们准备的"证件照"。这些资料如果堆叠在那不理清,那可真算是田鸡笼打翻——一团糟了。

"或许,我们可以给查阅的动物资料按类型归归类,"安安翻阅着笔记,转头对乐乐说,"这样的话,我们翻阅起来,就更明确清晰了。"

安安的想法一下子提醒了乐乐,"那我们就多准备一个笔记本,专门放《动物日报》的剪报和上面动物的专属资料,这样就能和'薯片大盗'的案子区别开来了!"

这时,两人身后传来一阵轻快的脚步声,停在了安安卧室门前——原来是来找安安玩耍的小果果。

充满好奇心的果果不知道安安和乐乐在那捣鼓什么,于是她径直走到两人跟前,拿过一旁最先吸引她的家猫和家犬的动物照片,这让果果想起爷爷之前答应过要送给她一只小宠物,但因为些琐事,这件事就耽搁了。

"我想拥有一位宠物朋友,"看入迷的果果突然抬头跟安安说,"但我也不知道选择哪个,安安姐姐你一定要帮我呀!"

最近查阅和整理资料的任务本就让安安和乐乐头大,自然抽不出空闲时间帮果果找宠物朋友。但最终,两人在果果的软磨硬泡下答应了下来。

听到安安他们答应了自己,果果开心地跑回家了。但

果果的要求却让两人犯了难,这可如何选择呢?

"既然答应了果果,那就问一下身边的亲朋好友,"安安说着,"说不定对我们查案也有帮助呢!"

"有啦!"乐乐瞬间有了想法,"我邻居爷爷家住着一位据说年龄高到连爷爷也说不清的老寿星呢!"

说到这,安安惊讶地看向乐乐,连忙问到:"那是谁?"

乐乐一挑眉,"我也正想去看看呢!怎么样,这听起来够特别吧?说不定果果会喜欢呢!"

"正是机会!那就一起去爷爷家拜访拜访这位老寿星吧!"

安安跟着乐乐来到邻居爷爷家，爷爷听到孩子们来看"老寿星"，脸上满是慈祥的微笑。

在爷爷的带领下，两人来到了古风古韵的书房。书房的中央是一张大木桌，上面摆满了爷爷平时用到的笔墨纸砚，不过最吸引两人的，却是那木桌旁的大鱼缸。爷爷告诉安安和乐乐，"老寿星"就是生活在鱼缸里的乌龟。

乐乐上前小心翼翼地朝鱼缸望去，奇怪的是，里面空空如也。

"没想到这位老寿星居然有'越狱'的好身手！"乐乐说着，兴致一下子来了，趁着爷爷去洗水果的空儿，他决定在书房里找到这位潜逃的罪犯！

可是两人在书房里"搜捕"了半天，都没能把它捉拿归案。

"其实，爷爷书房里的许多陈设和装饰都有它的身影呢！"安安叫住了还在寻找的乐乐。

乐乐这才抬头环顾书房周围的环境，发现了爷爷书桌上龟形的砚台和笔洗、龟形的香炉、描绘龟的书画，还有刻有甲骨文的龟甲……

"看起来总是懒洋洋的龟，怎么有这么大的魅力呢？"这让安安有些疑惑。

听完爷爷讲的这位老寿星趣事后，天色渐晚，两人告别了爷爷，在回家的路上讨论起果果养宠物的事情，但是乐乐却为此犯了难。

"万一果果没见过乌龟，不喜欢乌龟怎么办呢？怎样才能让她了解乌龟呢？"

安安灵机一动想到了一个办法，"我们可以拍摄下来，查阅资料，还可以询问何博士呢！"

"对呀！这样一来，果果就可以在接触宠物之前，全方位地了解它们，便于她作出更好的选择！而且，我们还可以看看乌龟有没有可能成为'薯片大盗'呢！"

博士回信时间

安安：

　　正如你所说的，龟看起来总是"懒洋洋"的，不过这并不是因为它"懒"，而是由它的生理特征决定的。

　　龟是爬行动物，但它们既能在水里又能在陆上活动。同时，作为变温动物的它们很注意节约身体的能量，喜欢静静地晒太阳，因而看起来不如哺乳类、鸟类那样活跃。这使得龟的新陈代谢很慢，一些种类的龟的静息心率甚至只有个位数。而与之一致的是，龟的衰老速度只相当于哺乳动物的二十分之一，这使龟成为动物界中的长寿之星，人们也借龟来表达对长寿的向往和祝愿。不过，也不要过于夸大龟的寿命，海龟和大型陆龟的寿命可达二百年，但大部分小型的淡水龟，例如中华草龟，它的寿命通常为几十年。

　　曾经，乌龟是爬行动物中人类唯一的伴侣动物，也是古人心目中有灵性的动物。孔子把龟甲和玉器并列，庄子把自己比作"拖着尾巴在泥水中快乐打滚的乌龟"。可见乌龟既陪伴过"居庙堂之高"的朝臣，也陪伴过"处江湖之远"的隐士，这位蹒跚的长者不知阅尽了多少岁月。

　　而在社会风尚日益多元化的今天，常有人弃养或"放生"宠物龟，可这些宠物龟中有相当一部分是外来的巴西龟。这些巴西龟在一些地区甚至已泛滥成灾，对中国的生态环境造成了难以估量的破坏。这警醒我们，不可将伴侣动物作为标榜个性的玩物，爱护自然生态应当是热爱动物的人的更高追求。

心系生态的何博士

自然学习指南 | 破案！发现中国动物

动物调查档案

中华草龟
Mauremys reevesii

- **目** 龟鳖目
- **科** 地龟科
- **属** 拟水龟属
- **绘制** 李亚亚

看看它多少岁啦！

中国本土龟与外来龟

安安

草龟是中国的乡土动物，与之对应的则是外来物种。而当外来物种定居下来繁衍生息，并对当地生态系统造成威胁后，就成了入侵物种。博士提到的巴西龟就是典型的入侵物种。巴西龟原产于中南美洲，由于具有鲜绿色的漂亮外观，被作为宠物引入中国，随后扩散到自然生态中。它们在中国缺少天敌，竞争力又更胜一筹，使草龟等中国本土龟面临严峻的生存危机。

"乌龟"之名的得来

乐乐

草龟小时候甲壳是棕黄色的，而雄草龟长大后，在激素的作用下全身会逐渐变黑，这一现象称为"墨化"（雌草龟不会有墨化现象）。墨化后的龟浑身乌黑如墨，因而被称为乌龟或墨龟。

龟的年轮

安安

我们仔细观察了爷爷家的"老寿星"，发现龟的背甲并不是"铁板一块"，而是由 38 块骨片组成的，中间 13 块比较大，边缘 25 块比较小。骨片里有环状的纹路，这正是龟的"年轮"。由于龟在出生的第一年并不形成环纹，所以数清环纹的数量再加上一，便能知道乌龟的真实年龄。这个办法通常适用于"年轻"的龟。我们反复数了好几遍，爷爷家龟的环纹又多又密，几乎挤在一起，难以辨别，可见真是一位高寿的长者。

经观察发现，乌龟行动缓慢，难以快速偷走薯片，排除嫌疑。

安安今早发现乐乐的网络账号的头像更新为"求锦鲤",一问才知道,乐乐要参加一场动物知识竞答赛。

"跟我一起去吧!"乐乐热情地邀请安安一起,"希望我的锦鲤头像可以带来好运气!"

"会的!"安安笑着说,"不过,今天我得去很远的地方采桑叶。"

最近农业展览馆退休的奶奶送给安安一些蚕宝宝,这几天它们刚刚蜕皮变了色,看起来长大了一点,胃口也不错。所以,安安需要更多的桑叶来喂养它们。

跟乐乐聊完,安安也转发了一条锦鲤,给乐乐加油。

乐乐头像上的锦鲤倒是让安安想起在鱼市上见过的锦鲤,它们被放在醒目的位置,还贴上标签强调它们是进口品种。

但在老家的年画里,安安经常能见到鲤鱼,最常见的就是眉开眼笑的胖娃娃抱着活蹦乱跳的大鲤鱼,伴着"年年有余"的祝福语。

"奇怪,锦鲤是舶来品吗?"安安有些困惑,"锦鲤和鲤鱼又是什么关系呢?"

安安来到电脑前,准备发邮件询问何博士。

"等回头我也换上乐乐一样的头像,希望我们可以早日抓到这个猖狂'薯片大盗'!"

博士回信时间

安安：

你的想法没错，锦鲤的祖先是野生鲤鱼。而在中国，鲤鱼自古便深受人们的喜爱、尊崇。

《诗经》里多次提到鲤鱼是堪登大雅之堂的上品。鲤鱼还是中国第一部关于鱼类养殖的专著——范蠡所著的《养鱼经》的主角，可见春秋时人们便珍视鲤鱼。据记载，晋朝时贵族的池苑里也养着鲤鱼，这时鲤鱼不单单是作为佳肴了，它的观赏价值也越来越受到重视。

到了唐朝，鲤鱼由于与皇家姓氏"李"谐音而拥有特殊待遇，比如官府禁止民间捕捞、食用鲤鱼。鲤鱼还以"锦鲤"之名，翩翩游入诗人的笔下，不过唐诗里的"锦鲤"指的是野生鲤鱼中偶尔变异形成的红色个体。佛教传入中国后，放生动物以祈求福瑞的风气逐渐盛行。宋朝时信众流行放生稀有的红鲤鱼，催生出专门饲养、培育红鲤鱼的产业。再后来，爱鲤之风流传到东亚等更多的地区，年画、旗帜等反映民俗文化的作品中都能见到鲤鱼的身影。人们继续选育鲤鱼中花色更加繁复的个体，终于形成了今天绚烂多彩的锦鲤。

如今，稀有的红鲤鱼不再只是圈养在富人的私宅或庙宇放生池里的富丽、高贵宠物，"飞入寻常百姓家"的锦鲤越来越亲民，在景点、公园甚至居民小区的水池里常常可见锦鲤犹如五光十色的织锦在碧波间摇曳，成为一道亮丽的风景线。锦鲤还融入了现代生活，承载好运、美满寓意的锦鲤也成为人们交流、祝福中喜闻乐见的符号。

同转发锦鲤的何博士

自然学习指南 | 破案！发现中国动物

动物调查档案

荷包红鲤

长鳍鲤

瓯江彩鲤

锦 鲤
Cyprinus carpio

目　鲤形目
科　鲤科
属　鲤属
绘制　李亚亚

争奇斗艳的锦鲤　安安

就像世界上没有两片一模一样的树叶，每一条锦鲤也有各不相同的花色。各地不同的水土环境和选育方式，培育出各具特色的锦鲤，比如江西的荷包红鲤形似荷包，浙江的瓯江彩鲤红装素裹，广西的长鳍鲤鳍如裙裾。

饮马长城窟行（节选）
客从远方来，遗我双鲤鱼。
呼儿烹鲤鱼，中有尺素书。
长跪读素书，书中竟何如？
上言加餐食，下言长相忆。

鱼传尺素

安安

乐府诗《饮马长城窟行》讲述了这样一个故事：留在家乡的妻子思念漂泊在外的丈夫。有一天，远方来的客人给她带来了鲤鱼形的信匣，打开后在匣中发现一份写在丝帛上的书信（也就是"尺素"）——正是朝思暮想的丈夫所写的。丈夫在信中让她保重身体，倾诉相思之情。后来，人们就经常用鱼或鲤鱼来象征书信、消息。用"鱼传尺素"表达消息传递，用"鱼沉雁杳"表达音信断绝。

锦鲤的寓意

乐乐

繁殖期的鲤鱼非常活跃，常跃出水面，由此流传下"鲤鱼跳龙门"的民间故事。传说中鲤鱼要烧掉鱼尾才能化而为龙，唐朝士子科举及第或官员升迁时的庆祝宴会名为"烧尾宴"，以博得飞黄腾达的好彩头。现代人也会在社交媒体上转发"求锦鲤"的表情包，可见鲤鱼幸运、吉祥的寓意从古到今一脉相承。

锦鲤离了水不能生活，不会偷薯片，排除嫌疑。

这个周日轮到安安的小组去学校打扫兔笼了，可是跟安安一组的小杰由于周末跟爸爸妈妈去远方旅行回不了家，所以这次的大扫除任务就落到安安一人身上了。

"这可怎么办好呢？"安安躺在床上叹气，学校里的小兔子可是出了名的活泼，经常一个不注意就会偷溜出笼子，没有搭档，安安一个人可搞不定。这时，安安想到了好朋友乐乐。

"我正好需要多了解一下小兔子！"听到安安需要人手，乐乐一口就答应下来，上次的知识竞赛，乐乐因为对兔子缺乏了解而与一等奖失之交臂。这次对乐乐来说正是了解它们的好机会！

两人来到学校的小兔子饲养区，互相配合着清理兔笼。

忙完手头的工作，安安小心翼翼地将一只雪白的小兔子放到绿地上让它自由活动。

在草地上的小兔子就像一张洁白的宣纸，两颗红眼睛就像宣纸上点了两粒朱砂，此外再没有一点杂色。它还非常警惕，感受到一点风吹草动拔腿就跑，就像草坪上滚过的一团雪球。

直到小兔子玩累了埋头吃起草来，两人才将它捉回笼子里。

也许是兔子太可爱，乐乐在观察日志上记录了它的外形和动作后，仍觉得不够尽兴，"我想问问何博士有关小兔子的其他资料，这样一来，了解小兔子就更全面了！"

然而，蹲在兔笼旁边的安安却若有所思，"警惕又敏捷的小兔子会不会是'薯片大盗呢'？"

博士回信时间

乐乐：

　　古诗里用"金乌西坠，玉兔东升"形容日落月升，传说月宫中有仙兔怀抱玉杵捣药，所以用玉兔称呼月亮，中国首辆月球车也以"玉兔号"命名。

　　人们对兔子的印象最早源自野兔，比如成语"狡兔三窟"形容野兔警觉多疑，"动若脱兔"表示野兔行动迅捷。极难捕获的野兔甚至启发古人造字，在"兔"下加表示奔跑的"辶"，组成表示逃跑、丢失的"逸"。野兔奔跑速度可达60千米/时，足以和赛马争锋，难怪古人寄希望于"守株待兔"。

　　中国大规模驯养兔子始于汉代。此前人们缺乏对兔子的了解，但此后，无论是兔形文物还是乐府诗《木兰辞》里"雄兔脚扑朔，雌兔眼迷离"的描述，可见人们对兔子的观察更深。渐渐地，人们不断发现兔子的价值——兔肉被认为有保健价值，兔毛可以制成兔毫笔。但兔子并不总是可爱，《唐书》里就有"兔害稼，千万为群，食苗尽"的记载，这是中国最早记录的兔害。到了明清时期，养兔之风已经非常盛行，而近代后，獭兔等兔种引入中国，现代养兔业更是蓬勃发展起来。

　　瞧，兔子和古人的生活息息相关，也在历史上留下了痕迹。如果你想把动物文章写精彩，可以回顾历史寻找素材与灵感。

研读古籍的何博士

自然学习指南 | 破案！发现中国动物

动物调查档案

耳朵可是有大用处哦！

家兔
Oryctolagus cuniculus domesticus

目 兔形目
科 兔科
属 穴兔属
绘制 许可欣

我想有位宠物朋友 | 第二章

动物的应激反应
乐乐

动物受到刺激时，神经系统会启动一系列防御机制，驱动身体做出相应的反应，这就是动物的应激反应，常见的应激反应包括停止进食、狂躁不安等。兔子胆小敏感，遇到危险或受到惊吓时会出现抽搐甚至"假死"状态。野兔没能被成功驯化，可能就和它强烈的应激反应有关。

"狡兔三窟"
安安

中国的家兔驯化史众说纷纭，有学者推测其祖先是来自欧洲的穴兔，而不是中国原生的野兔。中国野兔没有打洞的习性，"狡兔三窟"正是穴兔的天性。穴兔在野外天敌众多，为了自保，会给洞穴挖掘多个出口，遭遇袭击时便从未被发现的隐秘洞口逃之夭夭。

兔耳的妙用
安安

一对长耳朵称得上是兔子的标志性特征，借助这对长耳朵，兔子可以敏锐地捕捉到风吹草动。此外，耳朵还是兔子的散热器。兔子没有汗腺，不能通过出汗来散热，血液流经皮肤裸露的耳朵，向空气释放掉多余的热量，以此降低体温。为了提高散热效率，兔耳内遍布毛细血管，因此十分脆弱。尽量不要用攥提耳朵的方式拎起兔子，这很容易让兔子受伤。

> 兔子是食草动物，喜欢吃新鲜的草、蔬菜和水果，排除嫌疑。
>
> *调查结果*

何博士的《动物日报》发行了新特刊，正在电脑前查阅资料的安安一眼就看到了何博士主页的最新消息。

"在滨海城市内竟然还有野生的梅花鹿呀！"安安很欣喜，上次跟乐乐去动物园，两人专门观察过各种各样的鹿，其中就包括何博士这次《动物日报》里提到的梅花鹿。

"这样悠哉的梅花鹿，会不会与'薯片大盗'有关呢？"安安自言自语道。

安安回想起梅花鹿的样子，安静时的它们姿态非常优美，一身像梅花般的花纹更是吸引着大家的目光。

"长角的都是雄鹿吗？为什么呢？"说到梅花鹿的角，安安仔细回忆了一下那天去动物园看鹿的情景，这种看起来很雄伟的鹿角好像都是雄性梅花鹿的鹿角，这令安安有些不解，"待我查查这方面的资料。"

但在那天，两人观察到的鹿角可算是多种多样了，面对这些各有特点的角，安安还特意拍了很多照片做纪念。

"我要好好为它们做一些区分，这样以后再见到它们，就能马上认出它们了！"安安拿出洗好的照片，把它们贴在了专门做简报的笔记本上。

海滨奔腾的"梅花"

《动物日报》
——五月特刊——

  如果你来海滨城市大连观光，也许能在密林掩映间看到许多奔腾跃动的"梅花"。这是一个美丽的奇迹——大连是全国唯一一个在城市内有野生梅花鹿种群的城市。

  顾名思义，梅花鹿因其标志性的斑点而得名，棕红色的皮毛上点缀着雪白的斑点，像朵朵白梅绽放，令人不由得赞叹它的美。但作为野生动物，梅花鹿并不那么"爱美"，它的毛色随季节更替而变化。冬春时，梅花鹿全身灰扑扑的，斑点也很暗淡，夏天才会显现靓丽的样貌，这可以使它们更好地融入环境，躲避天敌。除了美丽的花斑，挺拔矫健的角也是梅花鹿的标志性特征。梅花鹿只有雄鹿长角，尚未骨化、密生绒毛的幼角称为鹿茸，是一味名贵的药材。旧角每年自动脱落，新角慢慢长出来。古人用鹿角脱落来指代夏天到来，梅花鹿通常在春天开始脱落旧角，到秋天新角长成。

  古人赏鹿、养鹿、猎鹿，也爱鹿，将鹿写进诗文、画入图卷。今天，我们要以更加尊重、友好的心态，欢迎这片"梅花"盛放不息。（●特约记者 何博士）

保护等级	国家一级保护动物（仅限野外种群）
种群现状	野外种群生存状态良好
主要保护措施	建立生态保护区，积极开展宣传活动，发动人们共同参与保护野生梅花鹿的活动。

自然学习指南 | 破案！发现中国动物

动物调查档案

梅花鹿
Cervus nippon

目 偶蹄目
科 鹿科
属 鹿属
绘制 李亚亚

身上的小"梅花"可是我引以为傲的特点！

中国常见的几种鹿 安安

除了梅花鹿,中国常见的鹿还有马鹿、麋鹿、驼鹿、驯鹿,它们的角各有特点,可以作为识别的依据。

马鹿的角会分成两枝,短枝向前伸,长枝向后倾,而且会长很多分叉;麋鹿的角也会分成前后两枝,前枝分成两个叉,后枝又长又直,末端有时也会长出小叉;驼鹿角的下方呈片状,上方分叉,看起来就像手掌;驯鹿角的分枝特别复杂,既像树枝,又像珊瑚。

驼鹿
马鹿
驯鹿
麋鹿

为什么只有雄鹿长角? 安安

其实,鹿角是雄鹿在同类竞争中的撒手锏。在雌鹿眼中,拥有壮硕鹿角的雄鹿更有"魅力"。繁殖期的雄鹿常用鹿角打斗,获胜者拥有更多繁衍后代的机会。雌鹿没有这种需求,所以它们的鹿角就渐渐退化了。不过也有一些鹿无论雌雄都长角,比如生活在寒冷的高纬度地区的驯鹿,为了在严酷的环境中更好地生存,雌驯鹿的角没有退化。

鹿在传统文化中的寓意 乐乐

追求富贵的人喜欢鹿,因为鹿与"禄"同音。鹿常和寿桃、蝙蝠等象征吉祥的事物"同框",表达"福禄寿""福禄双全"等美好心愿。淡泊世事的人也喜欢鹿,因为鹿幽居山野,安于自然,有一种与世无争的"气质",因此传说中许多得道仙人的坐骑就是鹿。

经调查,本地没有野生梅花鹿,排除嫌疑。

如果安安和乐乐是动物城的警官,最近一定会非常忙碌,因为有关动物的事件接连发生——继老寿星"越狱"之后,安安的邻居哥哥家又发生了一起"逃脱事件"。

而这次"逃脱"的主人公身手格外敏捷,从墙角到天花板,矫健地奔越,一如野外的同类那样蹿到外面院子里的枝头轻盈地上下攀缘,它正是哥哥家的宝贝宠物松鼠。

"都怪我上网课忘记给它关笼子了!"哥哥说起来有点不好意思。

小松鼠在树上不肯下来,西瓜也一动不动地盯着它看。这下好了,只要稍微一靠近都会被机警的它察觉,一下子又窜到大家够不着的角落里。

最后还是哥哥用它最爱吃的坚果当诱饵,在一捧花生的诱惑下,小松鼠才乖乖地回到了哥哥的怀里。

"你说,'薯片大盗'事件会不会跟它有关呢?"乐乐在后面小声对安安说着,"毕竟,它也是喜欢吃小零食的动物呢!"

不过,俩人在搜集资料时问过哥哥,小松鼠很快有了不在场的证明,因为,这可是它第一次"出逃"!

"小松鼠这次'出逃'一定是向往自由,"回家的路上,安安对乐乐说,"我们该不该劝哥哥把松鼠放归自然呢?"

"我们可以从何博士那儿知道更多有关小松鼠的秘密!"

博士回信时间

安安：

你不仅看到了动物伴侣给人带来了什么，也想到了人给动物带来了什么，这样的思考非常有意义！宋朝欧阳修有"始知锁向金笼听，不及林间自在啼"的诗句，说明人们很早就意识到，动物最好的归宿应当是大自然。

但同时，我们也要分清伴侣动物和野生动物，用恰当的方式对待它们。宠物松鼠已被驯养了很多代，适应了人工饲养的生活，贸然放归对动物本身和对自然环境都有风险。

松鼠其实是一大类啮齿动物的泛称，啮齿动物是哺乳动物中种类最多、分布最广的类群。啮齿动物门齿终身生长、大部分时间都用于觅食的共性也体现在松鼠身上，而将松鼠科成员和其他啮齿动物区分开来的标志性特征当属那条蓬松的大尾巴。松鼠快速移动时，大尾巴可以帮助它保持平衡、调整方向，还能像降落伞一样保护从高处跳落的松鼠。生活在寒冷地带的松鼠，休息时会用尾巴遮盖身体以保暖。一部分松鼠甚至还会摆动尾巴，像人打手势一样传递信息。

大部分野生松鼠是保护动物或"三有"动物。只有合法合规人工繁育的松鼠才能作为宠物饲养。养松鼠有许多要注意的地方——松鼠很活泼，尽量给它准备宽敞一些的居所；居所里最好有能供躲避的巢穴；松鼠偏爱坚果，便于磨牙。

尊重动物的天性，才能把这些不说话的伴侣照顾得更好。

尊重动物伴侣的何博士

自然学习指南 | 破案！发现中国动物

动物调查档案

鼠鼠我呀，永远都挖不了三米的洞穴！

花鼠
Tamias sibiricus

目　啮齿目
科　松鼠科
属　花鼠属
绘制　郑秋旸

中国有哪些松鼠呢? 安安

博士说松鼠所属的啮齿动物是哺乳动物中种类最多、分布最广的,我和乐乐经过实地观察,也查阅了相关书籍,发现赤腹松鼠、岩松鼠和花鼠是中国的常见松鼠。赤腹松鼠腹部的绒毛是红棕色的,多在树上活动,善于攀爬和跳跃;岩松鼠是中国特有的种,多栖息在山地丘陵的油松林、针阔混交林;花鼠的背部有竖纹,体型比其他松鼠略小,平时以植物性食物为主,有时也吃昆虫,行动敏捷。

赤腹松鼠

花鼠

岩松鼠

松鼠的"收集癖"和"健忘症" 乐乐

大部分松鼠有提前储存食物以越冬的习性。它们在秋天时会格外忙碌,收集橡果、松子、榛子等坚果,树洞、石缝、地穴就是松鼠天然的仓库。松鼠格外热衷收藏果实,甚至会储存远超自己食量的果实,但是松鼠的记性不好,经常会忘记食物的埋藏点。那些被松鼠忘记的种子有的就会长成参天大树。

松鼠的"食物口袋" 安安

松鼠进食时,脸颊两侧总是鼓鼓的像个小胖墩一样可爱,这是因为松鼠的嘴巴里有两个称为颊囊的构造。野生环境里的松鼠会把一天中的大部分时间用于觅食,这时颊囊就能像口袋一样,用来储存和携带食物。

第一次"出逃"的小松鼠有不在场证明,排除嫌疑。

难得安安和乐乐俩人周五晚上就把作业写完了，这个周末，两人凑在电脑前查阅着嫌疑动物的资料，抓住"薯片大盗"可是他们空闲时间的主要任务。

"竟然有野猪冲进校园里了？"乐乐看到头条新闻睁大了眼睛，"原来，它离我们的生活这么近吗？"

"还好它们只是路过！"安安看完舒了一口气。

在两人的认知里，野猪是一种长着尖尖的獠牙且只会出现在深山老林中的凶猛动物。怀着好奇心，两人继续检索着关于野猪的新闻，发现近几年野猪闯入居民生活领域的新闻还不少，甚至还有野猪伤人的事件。

就在这时，安安查到了何博士几个月前的一篇《动物日报》，里面详细介绍了有关野猪的信息。

"真是不看不知道，一看吓一跳啊！"乐乐看完报道，不由发出感叹，"原来成年雄野猪的体重能达到200千克，它们还长着獠牙，怪不得叫黑旋风，虽然跟家猪一个老祖宗，但外貌看起来简直是两码事！"

"想不到泛滥成灾的野猪以前竟然还是三有保护动物。"安安思考着何博士在报道中写在最后的平衡野生动物与人类之间关系的问题，现在野猪数量多到已经成为"害兽"，这让安安感到些许惊讶。

"看来，我们需要仔细调查一下这位卷土重来的'黑旋风'了！"

卷土重来的"黑旋风"

《动物日报》 —— 六月特刊 ——

2022年12月,陕西省渭南市林业局的一则通告引发了广泛关注——悬赏捕猎野猪,野猪与人类的矛盾似乎已经到了水深火热的地步。

野猪并非罕见的珍禽异兽,而是一种分布极为广泛的世界性物种,它们食性很杂,躯体健壮,在山地、丘陵、草地等多种环境中都能生存。但由于环境破坏,野猪一度难觅其踪。2000年,国家林业局将野猪列为有益的或者有重要经济、科学研究价值的陆生野生动物,渐渐地,野猪的种群数量逐渐回升。

这看似是一个理想的局面。然而,野猪种群的恢复速度非常快,远远超过虎、豹、狼等天敌的恢复速度。而且,缺少天敌制约的野猪本身就有极强的环境适应力和繁殖能力,野猪数量迅速增加,还为了觅食常常进入农田"洗劫"庄稼,与农民发生冲突,全国多地都发生过野猪致人伤亡的事件。野猪已成为我国当前致害范围最广、造成损失最严重的野生动物。2023年6月,"三有"动物名录(有重要生态、科学、社会价值)移除了野猪。

仅仅20多年,卷土重来的野猪就从需要保护的动物变成"害兽",这启示我们生态修复远比保护一个物种要复杂。生态修复也要平衡野生动物与人类之间的关系,通过在人类居住地与动物栖息地之间设置缓冲区等方式,避免野生动物与人类的直接冲突。（●特约记者 何博士）

保护等级	虽然已从"三有"保护动物名录中移除,但仍不可随意猎杀
种群现状	分布范围广,种群增长较快
主要保护措施	设置缓冲带,避免野猪直接进入人的活动区域,减少人与野猪之间的冲突

自然学习指南 | 破案！发现中国动物

动物调查档案

安安画的野猪像刺猬

野猪
Sus scrofa

- **目** 偶蹄目
- **科** 猪科
- **属** 猪属
- **绘制** 郑秋旸

野猪的"矛"与"盾" 安安

要在弱肉强食的大自然生存,野猪倚仗的是一副精良的"矛"与"盾"——獠牙和骨板。雄野猪外露的獠牙就像锐利的矛头,全速冲刺时甚至能刺穿小汽车的车皮,是它的得力武器。另外,雄野猪肩部区域有一块厚达2~3厘米的软骨板,像盾牌一样保护胸腔和躯干,坚固得连普通猎枪都难以击穿。

野猪的食谱 安安

我仔细读了有关野猪的报道,发现野猪的泛滥成灾跟它的食性有分不开的关系。野猪的胃口好得惊人,山林里的蘑菇、橡子是野猪喜爱的食物,人种植的玉米、红薯也在它的食谱上,野猪也不介意捕捉野鸡、野兔、蛇等小型动物来开开荤。此外,野猪的战斗力也相当不俗,即使面对豹这样的掠食者也有一搏之力。

传统文化中的猪 乐乐

有人将猪当作懒惰、邋遢的代名词,但在古代,野猪以其凌厉勇猛的姿态赢得了人们的青睐,古人以猪为原型,制造了很多礼器,甚至有人以猪为名,比如汉武帝的小名叫刘彘,汉朝还有位大将叫陈豨,"彘"和"豨"在文言中就是小猪、大猪的意思。《西游记》中大家喜闻乐见的八戒,其原型也是猪。

> 经调查发现,附近未曾出现野猪的痕迹,暂且排除嫌疑。

第三章 熟悉的动物邻居

捉拿神秘的"薯片大盗"这件事,把安安和乐乐愁了好一段时间了。

为了找出这名"罪犯",他们把能想到的小动物都怀疑了一遍,结果不但没有抓住"薯片大盗",反而还因此错怪了一些小动物。在这期间,安安和乐乐准备的动物资料也没有让果果选到心仪的伴侣宠物,两人只好继续走访身边的邻居寻找新的动物。

"或许离这不远的小公园会有其他小线索,我们去看看吧!"安安转头对还在翻着动物笔记的乐乐说道。

听到安安这么说,乐乐立刻就同意了。自从有了新的笔记本,他越来越喜欢记录小动物了,大家一起搜集到的关于动物们的信息,他都认真地记录在笔记本上。摸着厚厚鼓鼓做的像百科书一样的动物笔记本,乐乐心里别提有多满足了,他还等着让笔记本变得更厚呢!

很快,两人来到了不远处的公园,放眼望去公园的面

积不算小,绿化和道路也都做得不错,看得出来大家平时也都喜欢在这里休闲娱乐。

"说不定,'薯片大盗'会在公园里出没呢!"乐乐东张西望起来,"这里这么多人,野餐的人也多,这些食物残渣说不定会把它招来哦!"

可安安不这么想,她觉得公园的人这么多,就算有野生小动物,它们也没有胆量出来吧?

两人决定在公园里散散步,边寻找线索边讨论着上周学校里的体能测试。

说到体能测试,乐乐在上周的体育课才跑了半圈就累得气喘吁吁,"我决定这周起,每晚都来公园夜跑!"

就在安安大笑的时候,两个小黑影从她脚边飞快溜过,吓得安安直接跳了起来。

"刚刚那是什么?!"安安和乐乐朝着黑影消失方向望去。

只见那两团小黑影一个钻入了草丛,另一个团成球,一簇簇尖刺微微颤动,像是在示威或警告:"不要靠近!"

"啊!原来是刺猬!"乐乐最先看出它们的样子,兴奋地对躲在自己身后的安安说道。

听到是刺猬,安安这才从乐乐的身后探出脑袋,好奇地看着地上那团只露出一个小脑袋的小刺球,"这还是我第一次见到刺猬呢!"

"我也是!"乐乐激动地附和着,"我都忘记我体测成绩不及格这件事了,原来动物真的能给我们的身心带来'治愈'呀!"

"可是在这个公园里,小小的刺猬怎么生存呢?"安安不免有些担心,"也不知道它们是不是流浪动物……"

"好想把它们带回家收养啊!"乐乐小心翼翼地蹲在旁边观察,"我们问一下何博士吧,我已经迫不及待地跟他分享这份喜悦了!"

博士回信时间

乐乐：

很高兴你体验到了动物带来的快乐。

你在夜晚散步时遇到刺猬和它的习性有关。刺猬是夜行动物，凭借敏锐的听力和嗅觉，刺猬能在茫茫黑夜中活动自如、寻找食物。这段时间刺猬妈妈会很忙碌，因为现在正是刺猬的繁殖季，刚出生的小刺猬嗷嗷待哺，刺猬妈妈得更多地捕捉昆虫补充蛋白质，以产生充沛的乳汁来喂养小刺猬。不仅仅是刺猬，许多动物都有分泌乳汁哺育后代的习性，我们把这一类动物统称为哺乳动物。哺乳动物拥有较发达的大脑，因而能做出比其他动物更为复杂的行为，还能保持相对恒定的体温以适应外界环境。

刺猬是中国的乡土动物，在北方和长江流域尤为常见，我在野外科考时经常遇到这些胆小的小家伙，遇到惊吓便把自己团成一个刺球，这是它的防御性姿态。

它们在此出没，说明公园的生态很健康，能为它们提供庇护和充足的食物，刺猬也给公园充当天然的除虫园丁，所以大可放心自然中的刺猬能照顾好自己。而且刺猬作为群居动物，更喜欢和同类一起生活，所以，不要觉得它在"流浪"而想要收养它，我们不应该打扰野生动物的生活。

不随意把家养宠物放回自然，和不轻易从自然中带回野生动物一样，都是对待动物的正确方式。

同样享受动物带来的快乐的何博士

自然学习指南 | 破案！发现中国动物

动物调查档案

东北刺猬
Erinaceus amurensis

目 猬形目
科 猬科
属 猬属
绘制 李亚亚

尖刺可是我的防御武器！

62

刺猬的食谱 乐乐

一开始，我还担心公园的生态环境不能为刺猬提供足够的食物，但查阅了相关资料发现，刺猬最爱的食物是蚂蚁、蟋蟀等昆虫以及蜗牛、蠕虫等软体动物，偶尔也会吃些别的小型动物或植物的茎叶、果实——这些在公园里都非常丰富，看来不用再担心刺猬的口粮，而且这样一来，刺猬不吃薯片，可以排除它是"薯片大盗"的嫌疑了！

野外发现刺猬，能带回家当宠物吗？ 乐乐

何博士在信中叮嘱我们不要打扰野生动物的生活。同时，我们也了解到，野生刺猬身上往往携带着许多寄生虫和病菌，贸然收养野生动物当宠物，不仅有违动物的天性，也会给人带来健康风险。真正热爱动物的人应当让动物在自己熟悉的环境里好好生活。

刺猬会用刺搬运食物吗？ 安安

小时候在绘本上，经常看见刺猬用背上的刺串满果实，但在实地观察中，我们从没看见刺猬这样做。通过查阅资料，我了解到刺猬的刺学名叫"刚毛"，主要成分和人的指甲、头发一样是角蛋白，是刺猬自卫的武器。刺猬不会主动用刺搬运食物，因为它们并没有收集、储存食物的习惯。如果你在野外偶遇刺猬，可别往它的刺上放些食物来投喂，这样反而会惊吓到它。

> 刺猬不吃薯片，而且还是夜行动物，不会在白天出来偷薯片，排除嫌疑。

乐乐邻居家的爷爷奶奶出门旅游一段时间,所以照顾雪糕的重任就交给了安安和乐乐两个人。

于是,两人计划带回家各照顾一段时间。

这天晚上,发生了一件让安安懊恼的事情——猫咪"闯祸"了。

雪糕原本懒洋洋地卧在书桌上陪安安读书,就在安安沉浸在精彩的故事中时,雪糕忽然昂起头,慵懒的眼睛闪起炯炯的光,像雷达锁定目标般紧紧盯着天花板的一角。

"怎么了?!"安安好奇地沿着雪糕的目光望去,只见一只壁虎正在天花板上"漫步",身子倒悬却如履平地,比最强壮的攀岩运动员还要灵活矫健。

"看来书上说的没错,壁虎飞檐走壁可真是一把好手!"安安正想走近观察它,突然,壁虎好像感受到了危险,转头加速爬向窗口。雪糕却凌空跃起,伸出爪子猛扑过去。

可是,壁虎像施展轻功的武林高手,飞似的从窗户缝隙爬了出去!

但安安发现雪糕并没有继续追赶,而是被掉落在书桌上的另一个东西吸引住了。

"原来是壁虎的尾巴!"安安走近才看出那是什么。

看着这截扭动的断尾,安安觉得心疼不已,"这可怎么办呀,壁虎一定受了很重的伤!"

安安站在原地有些不知所措,"还是问一下何博士吧!"

博士回信时间

安安：

很开心又收到了你的信。如果说哪种爬行动物最能适应城市生活、在我们身边最为常见，毫无疑问，一定是壁虎。

顾名思义，爬行动物的标志性特征是以四肢向外延伸、腹部接近地面、匍匐爬行的姿态运动。除此之外，身体表面覆有鳞片、体温会随外界温度变化而变化也是爬行动物的特点。蛇、龟鳖、蜥蜴、鳄鱼和已经灭绝的恐龙都属于爬行动物。比起爬行动物家族中的众多成员，壁虎显然是"小字辈"的——在中国的8种壁虎中，最大的壁虎体长约30厘米，而城市里更为常见的无蹼壁虎、多疣壁虎，通常只有几厘米长。

壁虎白天潜伏在隐蔽处，晚上才出来活动。在它捕食的昆虫中，蚊、蝇、蛾等害虫占很大一部分，可以说壁虎是一类对人类有益的动物。壁虎也有很多天敌，不过也别太担心，它自有绝技傍身：一是"飞檐走壁"，这得益于它脚趾上特别的构造；二是"断尾求生"，你看到壁虎在雪糕爪下逃生的那一幕正是壁虎"金蝉脱壳"的战术——放心，壁虎并没有受伤。

期待你观察到壁虎的更多奥秘，相信这些昼伏夜出、身手敏捷的小家伙能大大锻炼你的观察能力。

动物的好朋友何博士

动物调查档案

多疣壁虎
Gekko japonicus

目 有鳞目
科 壁虎科
属 壁虎属
绘制 李亚亚

这是一条神奇的尾巴！

壁虎的逃生绝招 安安

壁虎尾部有一个特殊的软骨横隔，遇到危险时肌肉剧烈收缩，就能扭断这个连接使尾巴断落。由于刚刚断开后尾巴神经还是非常活跃的，尾巴还会不断扭动，分散攻击者的注意力，这样可以使壁虎趁机逃之夭夭。软骨横隔的细胞终生保持胚胎组织的特性，可以不断分化，因此壁虎可以断尾无数次。

壁虎是怎样繁殖后代的？ 乐乐

博士说壁虎白天潜伏在隐蔽处，于是我和安安去墙角、缝隙等阴暗的地方想要寻找那只断尾的壁虎。我们没有发现它，但是意外找到一些黄豆大的、米白色的卵，紧紧地黏附在一起，查阅动物百科后，发现这正是壁虎的卵。5~7月是壁虎的繁育季，经过两个月的孵化期，小壁虎便会破壳而出。

壁虎擅长攀爬的奥秘 安安

壁虎擅长攀爬，这是因为它的脚趾有一种名为"攀瓣"的组织，上面有成千上万根细微刚毛，这种特殊的结构可以与物体表面之间产生强大的吸附力，将壁虎牢牢地"粘"在物体表面。就像魔术扣能够撕开和粘上一样，壁虎也能在"吸附"和"脱离"的状态之间灵活切换。壁虎爬行时会通过脚趾的卷起和下落来改变刚毛与物体表面的接触角度，这让壁虎能做到快速脱附，自由爬行。

> 壁虎晚上才出来活动，且多以昆虫为食，排除嫌疑。

这个周末是安安外公的生日，安安穿上了她最喜欢的新裙子，跟着爸爸妈妈一起去给外公祝寿。

安安的外公非常喜欢植物，小花园里总是种着被精心培养的花花草草，郁郁葱葱的，蝴蝶和蜜蜂都是外公小花园的常客，安安每次来，都会跑到外公的小园子里参观很久，享受着被花草包围的幸福感。

这次来到外公家，安安直奔小花园，满心欢喜地帮外公浇着花，当浇水壶拨开茂密的花丛时，一只张牙舞爪的小虫纵身跃出，闯入安安的视野。

安安先是一愣，浇花的手停在了原地，随后便开心地笑起来："原来是只小螳螂呀！"

这只螳螂的个头不大，但气势十足：触须高高扬起，犹如冲冠的怒发；翅膀微微张开，好似招展的披风；胸前一对锯齿森森的"大刀"蓄势待发。尽管浇水壶比它大上许多倍，另外后面还有安安这么个"庞然大物"，这只小螳螂寸步不让。

"它肯定把水壶和你当成了入侵者，你进入了它的地盘，它才摆出这副架势来警告你呢！"外公笑着走到安安的身边，和安安一起观察着这只"不自量力"的小家伙。

"这不就是'螳臂当车'的生动再现嘛！"安安激动地对外公说着，顺便让外公拍下了她和螳螂对峙的一瞬间。

"我要把这只英勇小虫分享给乐乐和何博士！"

熟悉的动物邻居 | 第三章

博士回信时间

安安：

你的抓拍真棒，描述也很精彩——如果动物也有气质的话，螳螂正是这样一种有着优美又强悍气质的迷人动物。

螳螂最明显的特征是它的前肢，它们粗壮且布满尖刺，与两对后肢的形态明显不同——这显然是为了捕猎。这种为了适应某种环境或满足某种需求，在演化中使某个器官过于发达、具备独特功能的现象称为特化。螳螂的前肢正是典型的特化。成年螳螂通常能长到10~15厘米，属于大型食肉昆虫。如果你再仔细观察，会发现螳螂的三角形脑袋能任意旋转以观察四方，有一对强劲的大颚能牢牢钳制住猎物，再加上特化的前肢，这些特征共同揭示了螳螂的真面目——令无数小动物胆寒的狩猎高手。凭借草绿色或枯褐色的伪装色，螳螂能完美地融入环境，静待猎物懵懂无知地进入"大刀"的攻击范围后，便会发动雷霆一击，动作之快连人眼都看不清。甚至壁虎、青蛙、小鸟这样的小动物也在它的食谱上。强大的螳螂有一种天敌，却是一种没有"爪牙之利、筋骨之强"的小虫子——动物世界就是这么奇妙。

总的来说，螳螂捕食的主要是蝗虫、蚱蜢等啃食作物的害虫，有这样一位"刀客"镇守在此，外公便不用担忧心爱的花草遭受虫害，就让螳螂担当这花繁草盛的小院的"领主"吧！

赞叹精彩抓拍的何博士

自然学习指南 | 破案！发现中国动物

动物调查档案

中华大刀螳
Tenodera sinensis

目 螳螂目
科 螳螂科
属 大刀螳螂属
绘制 苏靓

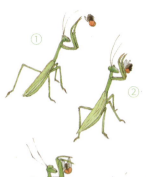

螳螂的捕食动作 安安

螳螂捕食时动作快如闪电，会用特化前肢进行投、刺、夹、拉的一系列动作，干净利落地捕获猎物的。果真是天生的猎手！

熟悉的动物邻居 | 第三章

雌螳螂是可怕的新娘吗？
安安

一些动物中的雌性在交配后会吃掉雄性，这一现象称为"性食同类"。科学家做过不同对照组的实验，发现螳螂"性食同类"的现象是否发生较为随机，取决于雌螳螂是否饥饿。当雌螳螂饥肠辘辘时，出于摄食本能，会毫不留情地把前来交配的雄螳螂当成猎物。雄螳螂的体型明显小于雌螳螂，且出于繁育后代的本能，雄螳螂几乎不会攻击雌螳螂。此外，雄螳螂也并不会"无私奉献"自己，他们接近雌螳螂前会小心翼翼地试探，交配时从雌螳螂背后跃上，完成交配后迅速逃离。

动物之间的寄生关系
乐乐

寄生关系就是一种动物将另一种动物的身体作为自己的居住场所和营养来源，铁线虫就是通过寄生"征服"强大的螳螂的。顾名思义，铁线虫的外形就像一根铁黑色的长线，它的幼虫会通过螳螂捕食其他动物或饮水时进入螳螂体内，并汲取螳螂的养分。当它发育成熟时，为了回到水中产卵便"操控"螳螂来到水边。这时，铁线虫从螳螂体内破腹而出，螳螂彻底沦为一具待死的躯壳。

螳螂捕食的主要是蝗虫、蚱蜢等啮食作物的害虫，排除嫌疑。

调查结果

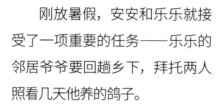

刚放暑假,安安和乐乐就接受了一项重要的任务——乐乐的邻居爷爷要回趟乡下,拜托两人照看几天他养的鸽子。

乐乐很喜欢爷爷家的鸽子,上次还跟爷爷一起喂西瓜皮给它们当小零食。

不过,这次除了给鸽子们补充食物和水,爷爷在离家之前特意嘱咐两人一件事情,就是在早晨和傍晚要各打开一次笼舍,让鸽子飞一飞。

"别人养鸟生怕它飞走,为什么爷爷却让它'远走高飞'呢?"安安想起爷爷说的话,好奇又担心,"鸽子会不会一去不复返呢?"

两人小心翼翼地打开笼子,鸽子们随即扑棱棱地一飞冲天,这劲头儿可给乐乐整了个措手不及,调侃道:"它们可真像我刚做完作业后立马冲到外面玩的样子啊!"

安安不敢笑,而是紧紧盯着飞出去的鸽子们,担心它们回不了家。

不过在看到鸽子们在天空中划过一圈圈优美的弧线后盘旋而归时,安安的顾虑消散了,惊喜地对着乐乐说:"太好了!鸽子是认家的呀!"

看见鸽子如此轻车熟路,乐乐突发奇想,对安安说:"如果我们像古装片那样在鸽子腿上缚一封短信捎给乡下的爷爷,真的可以送到吗?"

"如果真的能实现,那也太酷了!"安安激动地跳了起来,"我们可以请教一下何博士!"

就在这时,乐乐头脑中闪过一个念头:"鸽子不仅飞起来速度快、喜欢吃人类的食物,还经常外出往返,这周围的家家户户它们肯定都清楚,'薯片大盗'会不会是它呢?"

博士回信时间

乐乐：

安安说得没错，鸽子既"认家"也"恋家"，即使远离窝巢，也会记住准确位置并自行返回，这一特性称为动物的归巢性，在鸽子身上体现得尤其明显。正是利用这一天性，人们把一部分鸽子训练成信鸽，让它飞越千山万水，承载着主人的信赖，传递着殷切的思念。这一方面靠鸽子强大的飞行能力，另一方面则靠的是鸽子令其他鸟类望尘莫及的记忆力和方向感。来自浙江苍南的一羽信鸽曾飞越4300多千米回家，创下了信鸽最远归巢距离的世界纪录。

鸽子很早便陪伴、服务着人类。一位古希腊的运动健儿在奥林匹克赛场上获得胜利后，放飞了一羽紫色的鸽子向家人报喜，这可能是关于飞鸽传书最古老的记录。而要让鸽子成功传信，需要加以一定的训练，并且目的地得是它熟悉的家，而不是任意指定一个地方。所以，如果你想尝试用鸽子和乡下的爷爷联系，得提前将窝巢在爷爷乡下住处的鸽子带在身边——是不是有点麻烦？但今天信鸽并没有彻底退出人们的生活，而是化身成赛鸽，飞鸽传书也演变为受到世界养鸽爱好者欢迎的赛鸽运动。

鸽子还可以装点我们的日常生活，公园里、广场上常养着鸽子供游人观赏、亲近。白鸽翩翩融入蓝天，既是一道优美的风景，也蕴含美好的寓意。

赏望群鸽的何博士

自然学习指南 | 破案！发现中国动物

动物调查档案

这封信应该送到哪呢？

家鸽
Columba livia domestica

目　鸽形目
科　鸠鸽科
属　鸽属
绘制　肖白

陶楼上的鸽舍和鸽子　安安

陶楼是用陶土制成的楼宇模型，是汉朝人常用的陪葬器。四川省芦山县汉墓出土的一件陶楼上塑有鸽棚，一只鸽子正静静地立在棚顶，人们用心爱的鸽子形象陪伴墓主人长眠。鸽子早在两千多年前就是人类可爱可亲的伴侣。

张九龄与"飞奴"　乐乐

相传，唐朝名相张九龄少年时喜爱养鸽，常把书信系在鸽子脚上传递给亲友，张九龄称之为"飞奴"。这一典故流传后世，诗文中常以"飞奴"代指传书的飞鸽。比如宋朝诗人有"不遣飞奴频过我，欲将怀抱向谁开？"的诗句，表达渴望收到远方亲友的消息，是不是和之前提到的"鱼传尺素"有异曲同工之妙？看来古人常常在动物身上寄托深情厚意。

鸽子为什么不会迷路？　安安

鸽子的上喙处有一个能感应到地球磁场的结构，像指南针一样帮助鸽子辨别方向。除此之外，学者推测鸽子还能通过太阳位置、地面标志物甚至次声波进行导航，鸽子的导航本领还有很多谜题等待着我们破解。

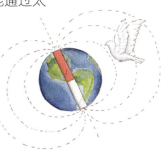

鸽子很难一下子偷走半包薯片，暂时排除嫌疑。

太阳落下得越来越晚了,傍晚的天空中是难得一见的火烧云。

放学回家的路上,安安和乐乐两人一边走一边欣赏着天空中那如火焰般燃烧的云彩。

正在闲聊时,乐乐发现安安穿的这件衣服袖口比平时多了个小细节——一个猫爪图案。

看见乐乐发现了这个小细节,安安说起那天发生的趣事。

"那天跟雪糕玩耍的时候,它兴奋地扑在我身上,一个不小心,把我的袖口抓了一个小洞,"安安抬起胳膊说着,"当时真的吓了我一跳,后来是妈妈帮我绣了一个小猫爪在上面,才把小洞修补好的。"

"幸好是雪糕,这要是大型的猫科动物扑过来,那可真的吓一跳呢!"乐乐正笑着,突然想起一件之前的新闻,转头问安安,"你知道'完达山1号'吗?"

安安摇着头,追问道:"那是什么?"

"'完达山1号'是一只下山闯入人类生活区域的大型野生东北虎,当时还扑倒过一位路过的村民呢!"说着,乐乐把在网上看到的《动物日报》的事情继续说给了安安听。

听到这则近两年的新闻,安安有些惊魂未定。一路上,两人都在讨论这只"完达山1号"东北虎。

一回到家,安安就扔下书包,跑到电脑前查阅着当年的新闻。

"好在人和老虎都救护及时,要不然后果不堪设想啊!"

猛虎下山！

《动物日报》
——五月特刊——

2021年4月23日，下山猛虎成为新闻主角——一只东北虎突然闯入黑龙江省密山市临湖村。误入人境的老虎和惊逢猛虎的村民都非常惶恐，一名村民因此受伤，所幸在造成更严重的后果之前，救援人员及时赶到，对老虎进行了麻醉和救护。由于事发地属于完达山区域，所以科研人员将它命名为"完达山1号"。一个月后，"完达山1号"被放归山野，目前状态良好。

东北虎是虎家族中体型最大的成员，也是最大的猫科动物，体长超过3米，体重达300多千克，栖息在中国东北、俄罗斯远东的广袤森林中。虎的环境适应力很强，从终年湿热的热带雨林到积雪皑皑的高寒针叶林，都曾遍布虎的足迹。但是在过去的一百年间，由于栖息地破坏和滥捕滥猎，全世界的野生虎由10万只锐减到不足4000只，野生东北虎的数量更是不足600只，里海虎、爪哇虎、巴厘虎等虎亚种甚至已经灭绝。沉寂已久的山林何时能再次响起令人震撼的虎啸呢？（●特约记者 何博士）

保护等级	国家一级保护动物
种群现状	野外种群生存状态良好
主要保护措施	2021年，位于吉林省与黑龙江省交界处、面积达1.46万平方千米的东北虎豹国家公园被列入第一批国家公园名单，这是我国东北虎、东北豹最重要的栖息和繁育区域，也是北半球温带区生物多样性最丰富的地区之一

动物调查档案

虎符

虎在传统文化中的寓意
乐乐

最近看了很多关于虎的资料，我发现在传统文化中虎象征着力量、勇敢，从如虎添翼、虎踞龙盘、鹰扬虎视这些成语中能感受到古人对虎的崇拜。我去博物馆时还看到了一对卧虎形状的文物，讲解员叔叔说那是虎符。老虎威风凛凛，把调兵遣将的兵符铸造成老虎的样子，真是太合适了。

东北虎
Panthera tigris altaica

目 食肉目
科 猫科
属 豹属
绘制 许可欣

东北虎的食物和领地 安安

今天的科学课上提到了东北虎,老师补充了额外的知识:夹杂着林间空地的森林是东北虎的家园。因为林间空地里草料充足,森林里则盛产松子、橡子和蘑菇,吸引野猪、马鹿等食草动物在此栖息,这些正是东北虎喜欢的猎物。一只成年东北虎每天要吃 10 千克肉,因此得有数百至上千平方千米大,容纳数百只野猪、马鹿这样的食草动物的领地,才能获得足够的食物以维持生存,所以古来就有"一山不容二虎"的说法。

老虎和猫到底有什么关系呢? 安安

老虎和猫体型差别很大,但外形相似,在民间传说中猫是老虎的师父。虎与猫都属于猫科,它们的相似之处:胡须都有测量器的作用、舌头上都长有倒刺、都拥有尖利的伸缩自如的爪子、脚上都长有肉垫,行动时悄无声息,利于隐蔽;伸懒腰的姿势和发现猎物时准备出击的姿势很像,都很爱干净,经常用舌头清理自己。

虎是食肉动物,附近也没有野生虎的存在,排除嫌疑。

今天是个特别的日子,安安的蚕开始吐丝结茧了。

乐乐特意拿着观察笔记,来见证这个重要的时刻。

昨天夜里安安还听见它们大快朵颐吃桑叶的沙沙声,今早盛宴便结束了。聊起蚕宝宝的成长,安安就像是打开了话匣子。

"这些圆鼓鼓的蚕宝宝是我从它们很小的时候就开始喂养的,那时的它们刚刚孵化,比蚂蚁还小,"安安紧接着说,"但随着胃口越来越大,它们的身躯吃得也越来越圆润了。"

这些小东西虽然吃的多,却对食材的新鲜程度有着美食家般的挑剔,这不得不让安安每天都得专程拿出时间去采桑叶,若是来不及续上桑叶,它们就会扬起身体四顾探望,样子像极了无声的催促。

"蚕可不能吃沾水的桑叶,但它们自己不会分辨,总是来者不拒,"安安拿起一旁被蚕宝宝吃剩的一半桑叶,对乐乐说着,"所以如果赶上下雨天,采回来的桑叶得要仔细擦干才行。"

"喂养这些小家伙可真的费时又费力啊!"乐乐感叹着安安养蚕的经历,"它们进食时就不曾丝毫分神,现在吐丝结茧也是一心一意呢!"

丝线越来越密,已经看不清蚕宝宝的身形了。

紧接着,两人聊起了两千多年前小小的蚕凭借一己之力影响中国乃至世界的丝绸之路。

"这真是动物笔记最好的素材了!"乐乐欢呼着,"说不定,果果也会喜欢乖巧又可爱的蚕宝宝!"

"而且,关于桑蚕更多的详细历史,我们也可以问一问何博士呢!"

博士回信时间

安安：

　　蚕是很渺小的动物，对于一只蚕来说，一个笸箩或者纸盒就是世界，一季就是一生。蚕是很慷慨的动物，它毫无保留地将生命和结出的雪白丝茧"奉献"给你；蚕也是很伟大的动物，如果说有动物曾影响中国乃至世界的历史，蚕一定当之无愧地是其中之一。

　　两千多年前，张骞长驱万里，开辟了中原与西域的通路，让东西方的商品、文化如春日解冻的河水，源源流动起来。其中最受瞩目的当属那轻盈光滑、泛着迷人光泽的织物——丝绸，这条路也因此得名——丝绸之路。

　　蚕和蝴蝶都属于昆虫中的鳞翅目，它们普遍有结茧的习性。蚕体内的丝腺体会分泌丝液，丝液接触空气凝结成丝，继而被编织成茧。我们很难想象，人类当初是怎样发现蚕可以抽丝剥茧、纺织成衣料的。科研团队证明了野蚕驯化成家蚕发生在约五千年前的黄河中下游地区。迄今为止，家蚕也是唯一一种被人类完全驯化的昆虫（另一种我们熟悉的养殖昆虫——蜜蜂，驯化程度尚不彻底）。

　　今天，蚕丝的用途不仅局限于装饰。蚕丝纤维柔韧，且结构和人体蛋白相似，不会出现排斥反应。凭借这些优良特性，蚕丝制成的手术缝合线、人造皮肤等医疗产品不断面市。蚕的生命很短暂，但蚕从未真正离开我们，跨越数千年，蚕依然在为人无私服务。所以，从这一方面来说，生命一直循环往复，生生不息。

领略生命壮美的何博士

自然学习指南 | 破案！发现中国动物

动物调查档案

桑蚕
Bombyx mori

目　鳞翅目
科　蚕蛾科
属　蚕蛾属
绘制　苏靓

蚕为什么只吃桑叶

安安

动物只摄取特定食物的现象称为寡食性，蚕吃桑叶就是寡食性的体现。植食性昆虫选择何种食物主要由其化学感受系统（也就是嗅觉和味觉）决定，嗅觉受体基因和味觉受体基因在这一过程中至关重要。蚕体内有一个味觉受体基因会抑制蚕取食非宿主植物的叶子，而桑树正是家蚕的宿主植物。如果这个基因发生突变，蚕就会出现味盲现象，也接受其他植物作为食物。

家蚕和野蚕

安安

何博士说家蚕是从野蚕驯化而来的，我很好奇野蚕长什么样。今天帮忙采桑叶时，我触到了一截"小树枝"，它竟爬动起来。我定睛一看，原来是一只小虫，外形和家蚕很相似，而体色是像树皮一样的枯褐色，静止时是天衣无缝的伪装——原来这就是野蚕，它们还会栖息在柞树、构树等树木上。野蚕也结茧，但比家蚕茧小而薄，色泽也远不如家蚕茧莹亮洁白。

诗中的蚕

乐乐

蚕经常作为勤劳、奉献的象征出现在诗人的笔下，尤其是唐朝诗人李商隐的"春蚕到死丝方尽，蜡炬成灰泪始干"，把春蚕的执着、无私描绘得淋漓尽致，此外还有不少关于蚕的佳句。

蚕宝宝没有偷薯片的能力，排除嫌疑。

第四章 雨后的意外惊喜

天气阴晴不定，但好在没有那么强烈的阳光，安安和乐乐约好在公园继续调查"薯片大盗"的线索。

可查了这么久还是没有其他发现。乐乐甚至觉得，现在除了水里游的动物们无法上岸，其他陆地上跑的、天上飞的小动物都有着"薯片大盗"的嫌疑。

眼看一下午都没有什么线索，安安的心情就跟这天气一样，无精打采。

安安走到柳树旁边，顺势坐在树下的大石头上，从小挎包里拿出笔记本，细数着调查过的所有小动物们。

乐乐凑过来和安安一同翻阅着笔记本，也冷静思考了一会儿。

这一路上的确调查过不少的动物，虽然有些动物不具备犯案的能力，有些有不在场证明，但是还有一些动物有着很大嫌疑。

想到这里,这不禁让乐乐记起那些会飞的嫌疑动物们。

"麻雀、乌鸦、鸽子虽然都以谷物、小虫子为主,但它们都是杂食性动物,都喜欢出没于农田、乡村甚至城市里,"乐乐想起那天查阅的资料说,"我还看到有鸽子偷吃人类面包的案例呢!"

安安赞同乐乐的想法,在"薯片大盗"没有真正水落石出前,有些动物确实不能排除"作案"嫌疑。

就在两人仔细地讨论着动物们时,安安接到了李伯伯打来的电话,只听安安大叫了一声:"什么?!"

挂了电话,乐乐急忙问安安发生的事情。

"是'薯片大盗'!"安安激动地说,"它又神不知鬼不觉地偷走了果果放在院子小桌子上的半包虾片!"

这让本来郁闷的乐乐,心情一下子像喷发的火山一样,小宇宙再次燃烧起来。

"我们快回去看看!"

这时雨下了起来。

天阴沉地像搅动着的黑色墨水一样,太阳虽不见了踪影,但还是一如既往的闷热。

瓢泼的大雨一下子砸了下来,往家里赶的俩人顿时被淋成了落汤鸡。好在离他们不远处有一个小亭子,两人赶紧跑去避避雨。

雨哗哗地下着,在急促的雨声中,有一种声音在旁边的池塘里、在岸边、在丛生的荷叶和菖蒲间升腾起来,闯入了安安的耳畔。

这种声音一开始星星点点,很快便连绵成片,此起彼伏,小小的池塘就像快要沸腾了似的。

"原来是青蛙呀,"安安连忙喊旁边的乐乐来看,"没想到在这雨天竟能听到这么一场别开生面的演唱会啊!"

"没想到这里有这么多的青蛙!此刻的它们定是在嘲笑着我们现在狼狈的样子。"乐乐耸了耸肩,无奈地笑了笑。

可安安不觉得,她认为这是青蛙在雨中唱着歌呢!

"可是,为什么雨天里青蛙叫得这么欢快呢?"安安有些疑惑,"回家问一下何博士!"

不一会儿,大雨变小了些。

趁着这会儿,两人赶紧出发,往家的方向赶去。

"到底是什么动物干的呢?"乐乐骑车带着安安心想着,不由得加快了脚底的踏板,直奔"案发现场"。

博士回信时间

安安：

　　夏天到了，天气也变化无常，我在野外科考时会带好雨具等必要的装备，你们去户外观察动物时也要注意天气变化哦！

　　青蛙会通过皮肤来呼吸，因为青蛙的皮肤很薄，布满毛细血管，分泌湿滑的黏液能更好地溶解氧气。而阴雨天时空气湿度增加，青蛙的皮肤得到充分的湿润，状态也自然活跃起来。

　　皮肤能辅助呼吸——这正是两栖动物的标志之一。两栖动物的历史非常悠久。我们知道生命最初诞生于海洋，两栖动物就是最早登上陆地的动物，在生命史上有着承前启后的意义。所以既能从两栖动物身上看到它们从鱼类继承下来的、适应水生的特性，比如以卵生的方式繁衍、幼体用鳃呼吸等；也能看到它们适应陆栖的特性，比如成体用肺呼吸、用四肢运动等。除了我们熟悉的青蛙，蟾蜍、蝾螈、大鲵也是典型的两栖动物。

　　同时，夏天是青蛙的繁殖季，夜幕降临后，雄蛙会竞相鸣叫来吸引异性。而蛙鸣之所以令人感到赏心悦耳，是因为这不仅是自然的天籁，也是丰收的佳音——据统计，栖息在稻田里的青蛙，食谱中大部分是飞蛾、飞虱、蝗虫、蝼蛄、青虫等危害庄稼的害虫。青蛙甚至能一天捕食相当于自身体重三分之一的猎物，是名副其实的农田守护者。

　　期待你们能享受一个蛙声如乐的夏天。

与你一同聆听
蛙鸣的何博士

自然学习指南 | 破案！发现中国动物

动物调查档案

黑斑侧褶蛙
Pelophylax nigromaculatus

目　无尾目
科　蛙科
属　侧褶蛙属
绘制　李亚亚

我可是夏夜音乐会的特邀嘉宾！

青蛙为什么不能长时间离开水？

乐乐

两栖动物的皮肤通常能辅助呼吸，青蛙也不例外。它的皮肤会分泌一种黏液以溶解空气中的氧气帮助它呼吸，青蛙需要足够的水分以持续分泌黏液。青蛙的皮肤很薄，保水能力很弱，如果长时间离开水就会因为脱水而死亡。此外，青蛙必须要在水中才能完成繁衍，青蛙的卵必须在水中孵化，青蛙的幼年状态——蝌蚪用鳃呼吸，必须在水中生存。

青蛙与蟾蜍

乐乐

青蛙和蟾蜍的外形很相似，要区分它们，很考验观察者的眼力：它们通常都在春夏之交时产卵，但青蛙卵是团块状的，蟾蜍卵是条带状的。青蛙蝌蚪体色浅，是青灰色或灰褐色的，活动较为分散；蟾蜍蝌蚪体色很深，接近黑色，喜欢成群结队地游动。青蛙的皮肤一般很光滑，分泌着大量湿滑的黏液；蟾蜍的皮肤则粗糙而干燥，布满疙瘩，体色也多为土黄色、土褐色和黑灰色。此外，青蛙主要的运动方式是跳跃，蟾蜍不擅长跳跃，主要以爬行的姿态活动。

青蛙之歌

安安

我注意到青蛙叫时并不张嘴，而是嘴巴两边有像气囊一样的东西在不断地收缩、鼓起——这是雄蛙特有的声囊。青蛙将空气从肺中排出时会引起声带振动，与口腔相通的声囊相当于共鸣箱，声带发出的声音通过共鸣而更加响亮。

薯片并不在青蛙的食谱中，排除作案嫌疑。

"薯片大盗"的出现让安安和乐乐的激情重新燃烧起来,等两人赶回家,雨已经几乎不下了。

车子停在门口,安安顾不上淋湿的头发和衣服,回家喊上西瓜就和乐乐来到李伯伯的院子里。

"案发现场"只有几粒还未被大雨冲刷掉的零食残渣。

西瓜上前嗅了嗅,围着院子转了一圈后,抬头无奈地看了看安安。

"看来,西瓜这次也无能为力了。"安安显得有些失落。

"一定是大雨冲刷掉了虾片和'薯片大盗'的气味,"乐乐摸着西瓜的小脑瓜,一同安慰着安安,"别担心,我们还有机会找到新线索的!"。

一场大雨虽然断了"薯片大盗"的线索,但却让乐乐有了新的发现——一只大蜗牛正奋力地在李伯伯的院子里穿行。看样子,是想从草丛的一边爬向另一边。

顺着蜗牛爬过的痕迹,安安和乐乐去草丛里搜寻了一圈,居然发现了几种不同的蜗牛,它们背着沉甸甸的壳,在草叶上慢悠悠地散步,彼此见面了还会碰一碰触角,好像在打招呼,看起来很享受生活。

"我知道假期的动物观察笔记该写什么了!"乐乐兴奋地对安安说到,"等我带回这几只不一样的蜗牛安置在饲养盒里,从今天开始,我要观察、记录它们的状态!"

"我们还可以问问何博士,照顾蜗牛需要注意的事项。"

这真是一场大雨后的意外惊喜!

博士回信时间

乐乐：

很高兴你开始写观察笔记了，期待你完成这项很有意义的任务。

蜗牛也的确适合观察，它行动很迟缓，这也是软体动物的一大特征。但可别望文生义，以为软体动物就是身体柔软的动物。比如毛毛虫或蚯蚓的身体就很绵软，但它们不是软体动物。软体动物一般身体柔软，拥有坚硬的外壳，通常借助腹部下的、吸盘状的宽大肉足爬行，行动很迟缓——但也有少数例外，比如章鱼、鱿鱼。蜗牛的祖先生活在水中，为了保护自己而演化出硬壳。登陆之后，蜗牛仍继承了祖先的壳，也继承了祖先顽强的生命力。当温度过高或过低时，蜗牛就会进入休眠状态，钻入土中，并分泌形成一层石灰质的盖子封住壳口。遇到干旱等极端气候时，蜗牛也会进入休眠状态以度过灾年，最长可达数年。如果今年夏天够热，也许你能看到蜗牛"夏眠"。

蜗牛喜欢凉爽、湿润的环境，但蜗牛不能在水里呼吸，如果你想让蜗牛在饲养盒里过得舒适些，注意保持湿润、通风，但不要形成积水。多汁的植物嫩芽才是蜗牛喜爱的食物，但切记不要给它们吃含盐量很高的海苔，这对于蜗牛来说可能是致命的。最后，我注意到你的饲养盒里有的蜗牛是外来物种，尽管它们本身没有毒性，但可能携带寄生虫，尽量不要直接触碰。

期待这些蜗牛能陪伴你度过一个充实的暑假。

期待你的观察成果
何博士

自然学习指南 | 破案！发现中国动物

动物调查档案

江西巴蜗牛
Bradybaena kiangsinensis

目 柄眼目
科 巴蜗牛科
属 缓行螺属
绘制 李亚亚

蜗牛的足迹

乐乐

　　蜗牛的身后总是拖着一条亮晶晶的线，这"亮线"是蜗牛黏液干燥后留下的痕迹。蜗牛的腺体会分泌黏液，相当于在身下铺了一层薄膜，避免柔软的腹足与地面直接摩擦，起到了保护作用。凭借这一本领，蜗牛甚至能在刀刃上爬行而不受伤害。

蜗牛壳的内部构造 安安

蜗牛真恋家啊，去哪儿都要背着沉甸甸的壳，蜗牛壳里到底有什么呢？在动物透视图鉴里我终于看见了蜗牛壳里的构造——真是别有洞天，看来把成语"麻雀虽小，五脏俱全"的主角换成蜗牛，也非常恰当。

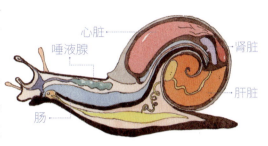

神奇的牙齿 乐乐

真没想到，蜗牛是世界上牙齿数量最多的动物，足有一万多颗，部分种类的蜗牛牙齿甚至能超过两万颗。这些牙齿非常小，借助显微镜放大一千倍才能看见，并且不是长在口腔里，而是排列在舌头上，因而称为"齿舌"。

蜗牛为什么怕盐 安安

博士提醒我蜗牛怕盐，原来这与软体动物的特性有关。软体动物的体内水分含量很高，通常超过80%，而它们的"皮肤"实际上只是一层薄膜，不像人类皮肤那样能阻断水分流失。而水会从低浓度一侧渗透到高浓度一侧，因此如果让蜗牛接触到盐或者含盐量高的东西，便会导致水分迅速流失到体外，甚至脱水死亡。

蜗牛不具有偷薯片的能力，排除嫌疑。

最近是雨季,好不容易天放晴了,趁着好天气,安安拉上西瓜和乐乐一起外出寻找线索,希望可以找到一些有关"薯片大盗"的新发现。

可刚下过去的雨并没有带走多少暑气,周围连一丝风也没有,空气中仿佛加了增稠剂,马上就要凝固住了一样。

烈日当空,为了防止西瓜中暑,两人一狗来到旁边的大槐树下休息乘凉。

刚进树荫下面没几分钟,乐乐就看到安安跑到一旁的路上拿起了像是细绳一样的东西就往树荫里跑。

乐乐凑近一看,原来安安手里攥着的是一条小蚯蚓。放眼望去,树荫下和一旁的马路上到处都是蚯蚓的身影。想必连续几天大雨让它们觉得闷,从地底爬了出来。

突然,乐乐身后传来一阵哭声,回头一看,哭出来的竟然是安安。

原来安安是急于救助来不及多想,但蚯蚓却不知道安安的用心良苦,受惊的它们在她手心里拼命蠕动、挣扎,弄得安安手上都是黏液。

乐乐见状忙安慰起安安:"别害怕,找到家的蚯蚓一定会感激你的!"

说着,乐乐就带安安一起去看蚯蚓重归土壤的痕迹,安安这才破涕为笑。

"我们还没有好好了解过蚯蚓呢!"说着,乐乐蹲下观察着它们,"这得请教一下何博士!"

博士回信时间

安安、乐乐：

　　为了救助生命而克服内心的抵触，真是了不起的善良！

　　软绵绵、黏糊糊的蚯蚓谈不上多讨人喜欢，加上它们总是不见天日就更容易被忽视。你们见到蚯蚓在雨后爬出来，可能是雨水灌满土壤孔隙让它们难以呼吸，也可能是此时环境湿润适宜迁徙，科学家正在研究这一现象。实际上，蚯蚓值得研究的地方远不止于此。蚯蚓是生态系统中的分解者，每天摄取30倍于其体重的土壤，消化后将其中部分排泄出来，经微生物分解形成有机质和胶体颗粒，成为持续释放养分的肥料。蚯蚓密度高的土地通常更为肥沃、植被更为茁壮。蚯蚓不仅为植物生长创造条件，也供养了一大批动物。亚里士多德称蚯蚓为"大地的肠道"，达尔文更是毫不吝惜地赞美它们是"世界上最有价值的生物"。

　　蚯蚓不仅服务于农业生产，也为困扰现代社会的垃圾问题提供了一条解决思路。山东省平阴县将养殖场的牛粪收集后发酵饲养蚯蚓，形成优质的有机肥再反哺农田。上海市利用蚯蚓处理厨余垃圾，还用蚯蚓来"保养"人工湿地这一生活污水处理场所。这些尝试都取得了理想的生态效益。

　　"无爪牙之利、筋骨之强"的蚯蚓很强大，它们维系着生态系统的良好运转；"上食埃土，下饮黄泉"的蚯蚓也很脆弱，它们对环境变化十分敏感。这些不见天日的无名英雄值得我们的尊敬，也需要我们的呵护。

向"无名英雄"致敬的何博士

自然学习指南 | 破案！发现中国动物

动物调查档案

环毛蚓
Pheretima tschiliensis

目　单向蚓目
科　巨蚓科
属　环毛蚓属
绘制　许可欣

蚯蚓的黏液 安安

蚯蚓的身体总是黏糊糊的，这是因为蚯蚓用皮肤呼吸，体壁分泌黏液以溶解氧气，再渗透到体壁内的毛细血管中，血液中的二氧化碳也通过体壁排出体外。如果长时间暴露在阳光下，体壁的黏液会逐渐变干，蚯蚓最终会死于缺氧和脱水。

蚯蚓的再生 乐乐

有一种流传的说法：把蚯蚓切成两段，就会长成两条蚯蚓。这实际上是夸张理解了以蚯蚓为代表的环节动物的再生能力。蚯蚓能否再生与位于身体前部的心脏和生殖环带（蚯蚓用以繁殖的器官）密切相关。实验表明，大部分蚯蚓头部、尾部受伤后可以再次生出头部、尾部，当蚯蚓从中间断开时，只有保留心脏和生殖环带的那一节会再生。

蚯蚓是哪类动物 安安

蚯蚓身体柔软，但并非软体动物。仔细观察，蚯蚓的身体是一环一环的，这正是环节动物最显著的特征——身体由许多形态相似的体节构成。蚯蚓的身体看起来很光滑，其实腹部有密集的刚毛，借以在运动时支撑和固定身体，这也是环节动物的重要特征。

蚯蚓不具备偷薯片的条件，排除嫌疑。

调查结果

盛夏里的太阳恣意横行,空气中弥漫着一股令人难以接受的暑气。

一阵响亮的叫声搅乱了安安的午睡计划,她索性下床,把窗户开到最大,聆听着这一声声犹如交响乐般的鸣叫声。

如果说蛙声是从水塘里升腾而上,这声音就是从枝头倾泻而下;蛙声占据了夜晚,这声音挤满了白天——就像是接力似的,让夏天一刻不停地填满人的耳朵。

"今年这蝉的叫声真是洪亮呢,"安安的妈妈见她没有睡着,坐到安安的床边,"不过,我小时候的蝉鸣可比现在聒噪多了!"

安安听着妈妈讲小时候的故事,让安安感叹蝉那小小的身躯竟然可以发出这样悠扬洪亮的声音。

"它们的声音真像富有节奏感的音符,"安安拉着妈妈说着,"我觉得,它们是大自然中最会唱歌的昆虫了!"

树影摇曳、蝉声阵阵,即使在炎热的夏天,也会让人感受到丝丝清凉。

对于蝉总是"只闻其声不见其人"的状态,安安准备一会儿约乐乐一起去公园探探它的"庐山真面目"!

"可是哪里更容易找到蝉呢?"安安心里不由得生出疑问,"它们为什么会不知疲倦地鸣叫呢?看来这得问一下何博士了!"

博士回信时间

安安：

　　如果说有什么是夏天的标志，那么蝉鸣毫无疑问一定是其中之一。喧闹的城市里能听到蝉声，反而会让人心中产生回归自然的宁静感。

　　这位不知疲倦的歌者不知歌唱了多少个夏天，你听过，我听过，古人听过，甚至史前的巨兽也听过——蝉的祖先是一类生活在1.5亿年前、名为古蝉的昆虫，也许它们的歌谣自从恐龙时代便开始唱起了。实际上，昆虫正是世界上现存的最古老的生物群之一。此后，无论地球经历了怎样的沧桑巨变，作为节肢动物中种类最繁盛的昆虫依然顽强地生存至今。除此之外，在生物界中，昆虫种类最多，目前世界上已知的动物有150多万种，其中昆虫占了100多万种。昆虫的分布范围最广，足迹遍布地球的各个生态圈层，甚至在地下十几米深的石油层中都能找到昆虫的身影。

　　悠悠的蝉声可以说是昆虫的赞歌了。不过这歌声可来之不易，幼年的蝉要在地下度过几年暗无天日的生活，北美洲甚至有一种蝉要在地下穴居17年才会破土而出。正因为如此，每年都要翻土的农田不适合蝉栖息。蝉喜爱干燥、阳光充足的林地。你可以循着蝉声，去树冠浓密、嫩枝较多的阔叶树上寻找蝉。

　　蝉羽化为成虫后的平均寿命只有15天左右，它将这宝贵的阳光下的生命都用来歌唱。别担心蝉会疲惫，它并不依赖嗓子发声，仔细观察蝉的腹部，相信你能发现这位夏日歌唱家的秘诀。

回味蝉鸣的何博士

自然学习指南 | 破案！发现中国动物

动物调查档案

蚱蝉
Cryptotympana atrata

目　半翅目
科　蝉科
属　蚱蝉属
绘制　苏靓

这个就是我羽化前的旧盔甲

蝉的一生

安安

最开始,蝉在树皮下产卵。一年后,卵孵化成蚂蚁那么大、通体白色略透明的若虫,它会用胸前的挖掘足挖开土壤进入地下,开始2~3年的蛰伏生活,靠吸食植物根脉的汁液为生。在历经4次蜕皮后,它会破土而出然后爬向高处,去完成最后一次蜕皮。最后一次蜕皮成功后,若虫变成了我们平常见到的成虫,不过是鲜艳的绿色。一小时后,颜色变深、翅膀变结实的蝉就能飞起来了!

昆虫的变态发育

乐乐

动物的形态结构和生活习性在发育过程中会发生显著的变化,这就是变态发育,其又分为不完全变态发育和完全变态发育。对昆虫而言,一生需要经历卵、若虫(不完全变态昆虫的幼虫称为若虫)、成虫3个阶段的属于不完全变态发育,如蝉、蟋蟀等;一生需要经历卵、幼虫、蛹、成虫4个阶段的属于完全变态发育,如蝴蝶、蚕蛾等。

蝉肚子上的秘密

安安

查阅资料后,我们发现蝉的腹部有明显差异。原来腹部有着蒙了层膜的鼓形器官的是雄蝉,这个器官是中空的。雄蝉利用后翅部的肌肉带动发声器官摩擦振动,通过共鸣作用放大振动产生的声音。雌蝉则没有这个构造。

蝉以植物汁液为生,排除偷薯片嫌疑。

调查结果

夏天的高温总是让人心情烦躁，一出门就仿佛置身于一个巨大的蒸笼里，热气让人备受煎熬。但夏天的炎热好像并没有影响到大自然，相反，道路旁的花草树木尽显生机。

安安抱着狗狗西瓜望向窗外，天气甚好，但她却不敢踏出一步。

"该干什么好呢？"大人们都去上班了，乐乐这段时间也去远方的外婆家，一个人在家的安安不知做些什么。

这时，电话突然响起，看到来电的是乐乐，安安马上接了起来。

"安安！你猜我看到什么了！"一接通，就听见电话那边乐乐激动地声音，"我在外婆家这边的国家级自然保护区见到了扬子鳄！"

乐乐的外婆家在安徽宣城，安安以前只听乐乐提起过那边自然保护区的事情，但当时并不了解扬子鳄这种动物。

"扬子鳄？"安安脑补了一下它们的样子，感觉跟平时见到的鳄鱼没啥两样。

"它们可不是普通的鳄鱼呢！"乐乐得意地向安安介绍着，"扬子鳄可是被称为扬子江的'活化石'，它们从恐龙时代就有了呢！"

这下可激起了安安的兴趣，等挂断电话，她便查阅起了有关扬子鳄的新闻资料。

"原来它们和凶恶的鳄鱼差别这么大呢，"安安看到《动物日报》上的新闻以及张金银老人的纪录片，"扬子鳄能有现在的规模可多亏了张金银夫妇啊！"

扬子江的活化石

《动物日报》
—— 七月特刊 ——

　　普通人也能为保护濒危动物做出了不起的贡献吗？安徽芜湖长乐村的张金银老人用实际行动回答了这一点。40多年前，一位不速之客来到了张金银家的鱼塘，惊喜之后，张金银夫妇决定收留这位来之不易的客人，后来张金银受到林业部门的任命，正式担负起保护、照顾它的义务。

　　这位客人就是扬子鳄，长江中的活化石，恐龙时代便开始繁衍生息，经历了地球的几度沧桑巨变。扬子鳄是我国现存的唯一一种鳄类，仅分布于我国，栖息于长江中下游的河湖湿地。在通常的印象中，鳄类非常凶猛危险，但扬子鳄是个例外，它是鳄类家族中体型最小的成员之一，成年体长约1.5米，性情温顺，几乎没有伤人记录。比起擅长猎杀大型动物的鳄类，扬子鳄的吻部更短、更宽，头骨也较高，口中缺乏锋利的尖齿，多为用来碾压的钝齿。这样的构造利于它在植被茂盛、淤泥遍布的静水中搜寻并咬碎田螺、河蚌，这正是扬子鳄的主要食物。

　　扬子鳄对生态环境的要求很高，曾由于栖息地被破坏一度濒临灭绝。张金银老人将半生奉献给了保护扬子鳄的事业，如今，长乐村周边已建设起扬子鳄自然保护区，他的孙子现也接过接力棒，成为一名巡护员，保护野生动物的观念正成为全社会的共识。（●特约记者 何博士）

保护等级	国家一级保护动物
种群现状	在放归人工繁育的扬子鳄之前，野生数量只有200~250条
主要保护措施	2001年，扬子鳄保护与放归自然工程作为中国野生动植物重点拯救项目之一开始实施，也就是将人工繁育的扬子鳄放归到野外以逐步恢复野外扬子鳄种群。

自然学习指南 | 破案！发现中国动物

动物调查档案

扬子鳄的陷阱　　安安

扬子鳄是伪装高手，时常一动不动地浮在水面上，水鸟以为这是一根浮木，便落下来歇脚。此时扬子鳄慢慢下沉身体，让鸟自己走到嘴边，然后猛然张开大口，收获一顿美餐。

扬子鳄
Alligator sinensis

目　鳄目
科　短吻鳄科
属　短吻鳄属
绘制　许可欣

短吻鳄与真鳄

安安

经过了解，我们发现鳄类分为三大类：真鳄科、短吻鳄科、食鱼鳄科，扬子鳄属于短吻鳄科。真鳄的吻部相对修长，像字母"V"；短吻鳄的吻部比例更宽，像字母"U"；食鱼鳄的吻部则非常狭窄细长，像字母"I"，最容易辨认。此外，短吻鳄的嘴巴闭合时只有上牙外露，而真鳄上下牙都会外露。另外，鳄类的皮肤上有很多小黑点，这是它们的外皮感觉器官。短吻鳄只有头部才有这些外皮感觉器官，而真鳄全身都有。

扬子鳄的"地下宫殿"

乐乐

扬子鳄通常把洞口设置在方便入水的地方；洞穴内岔道交汇形成一个个"室"，便于扬子鳄转身。绝大部分鳄鱼分布在热带和亚热带，而生活在温带的扬子鳄必须为越冬做准备，因此洞穴内有供扬子鳄冬眠的"卧台"。洞穴中最深的地方是终年积水的蓄水池，扬子鳄是变温动物，水可以帮助扬子鳄调节体温。此外还有透气用的"气孔"，如果发生洪水等意外，气孔就会变成扬子鳄的紧急逃生通道。

> 扬子鳄并不生活在这里，而且薯片不是扬子鳄的食物，嫌疑排除。
>
> **调查结果**

今天又是雨天，虽然阻碍了安安去外面调查线索的步伐，却让她在《动物日报》上发现了新的小动物，上海的"土著居民"——貉。

"繁荣的上海城市中竟然也能看到野生动物，"安安点开了标题链接阅读了起来，"原来它就是貉呀！"

之前在语文课上学习成语"一丘之貉"时，安安就一直想知道它的样子，不过这么一看，竟然跟上次去动物园看到的小浣熊长得极其相似。

"这真的不是浣熊吗？"安安拿出当时动物园拍下来的照片，仔细和《动物日报》上的样子比对起来，"确实有些不同，若不仔细看真的很难分辨。"

貉的嘴巴较浣熊的尖一点，眼睛周围的一圈黑色毛发像极了画上去的黑眼影，整个外形看上去倒是更像一只小狐狸。

安安查阅着有关貉的资料，作为野生动物，却频频出现在上海市的小区里，甚至还有人投诉它们扰民。安安想起《动物日报》的那篇报道，却不以为然，"看似是这些小东西闯入了我们的生活，但其实人类才是挤占了它们生存空间的那一方！"

但近年来，许多市民把它们当作小猫小狗一样进行投喂，这不免让安安想起峨眉山猕猴的现状，"我们虽与它们生活在共同的家园，与它们仅有一步之遥，但也要时刻保持着这一步之遥呀！"

土著进城记

《动物日报》 七月特刊

上海是全国最现代化、最繁华的大都市之一，很难把这样一座城市和野生动物栖息地联系到一起。但近年来，有一种野生动物俨然把闹市当成了家园，不断繁衍壮大，出现了成规模的野生种群，那就是貉。据统计已有100多个社区出现了野生貉的踪影，整个上海可能生活着3000~5000只貉。有人感到新奇，也有人对此表示担忧，因为貉常常翻捡垃圾、惊吓宠物，甚至可能还会传播疾病。这些麻烦制造者也成为考验城市管理者的新难题。

其实，貉是上海的"土著"，曾广泛分布于包括华东在内的中国大部分地区，但由于环境破坏一度销声匿迹，因而许多市民对貉并不熟悉，以至于把它误认为是浣熊、小熊猫等明星动物。貉的"复出"标志着生态环境得到了很大改善。貉是国家二级保护动物，而且一般不会主动攻击人。偶遇野生貉时，不必害怕或伤害它，但也不要接触或投喂它。因为投喂会让貉依赖人类，增加人与貉之间的潜在矛盾。实际上，部分市民投喂给流浪猫的猫粮正是吸引貉前来城市定居的重要原因。城市里的野生动物也许并不是不速之客，而是土生土长的原住民，我们应当学会和它们分享同一片家园。（●特约记者 何博士）

保护等级	国家二级保护动物（仅限野外种群）
种群现状	野外种群生存状态良好
主要保护措施	列为保护动物，禁止随意捕杀和破坏其栖息地

自然学习指南 | 破案！发现中国动物

动物调查档案

我不挑食！

貉
Nyctereutes procyonoides

目　食肉目
科　犬科
属　貉属
绘制　郑秋旸

貉的冬眠

安安

天气寒冷、食物短缺时，许多动物会进入休眠状态以减少能量消耗，从而顺利度过寒冬。貉是犬科动物中唯一会冬眠的。其他冬眠动物往往要等到春暖花开时才苏醒，但貉不同，冬季偶有气温回升时，貉便会外出活动，不放过一丝觅食的机会，天气一转冷就回到洞穴继续冬眠。人们将貉的这种习性称为"半冬眠"或"冬休"。

"一丘之貉"

安安

在认识貉之前，我就从成语"一丘之貉"中知道了貉的名字，意思是同一个土山里的貉，比喻没有差别的坏人。这个成语出自西汉杨恽，他听说匈奴单于被杀害，评价他自作自受，苛待部下，因此丢了性命，就像秦朝的君王那样，信任奸臣，迫害忠良，因此亡了国，他们犹如"一丘之貉"。此后，貉的文化形象就带有贬义了。

貉的食谱

乐乐

貉是典型的杂食性动物，也是个精明的机会主义者。貉会爬树、掘土，采食植物的果实、块根；貉会游泳，捕捉鱼类、蛙类、甲壳类；貉身手敏捷，鸟类和昆虫对它来说也是家常便饭；貉从不挑食，垃圾堆里的残羹剩饭也来者不拒；貉也不介意"顺手牵羊"，在居民区里生活的貉常会偷抢宠物的猫粮、狗粮呢。

暂不知道本地是否有野生貉，未排除嫌疑。

调查结果

忙碌的工作日终于结束了，好不容易到了周末，乐乐的爸爸为了充实孩子们的假期，准备去森林公园露营。

虽然离家稍微有点远，但或许可以因此为侦破"薯片大盗"的案子提供一些灵感。而且，现在能见到更多的动物已经是安安和乐乐最期待的事情了。

等布置好帐篷时，已经是傍晚了。森林公园的夕阳很美，仿佛给万物镀上了一层金。

大家在营火旁围坐成一圈，讨论起最近"薯片大盗"的事情以及调查过的所有小动物。或许是夜幕的降临和繁星的映衬，随着讲述与动物们发生的许多趣事，安安和乐乐彼此都感觉自己比以前更喜欢动物，也更愿意去亲近这充满生命与魔力的大自然了。

就在一起回忆着与动物们的故事时，一声细微而急促的叫声传来，大家还没来得及细听，声音便戛然而止。一切重归寂静，只有幽幽的风拂过草尖。

"我敢肯定，刚刚是一位强大的掠食者划破了黑暗，"乐乐的爸爸起身望向不远处的大块头，"是猫头鹰，它的爪子下还有一只田鼠呢！"

安安和乐乐连忙顺着爸爸的目光望去，黑暗中的猫头鹰正在享受着此时的美味晚餐。

二人对它绝妙的捕猎行为连声赞叹，这可是他们第一次见到猫头鹰。

"夜晚这么黑，猫头鹰是怎么发现这只田鼠的呢？"回到帐篷后的安安回想起这位充满神秘的凶猛夜行者，有些难以入眠，"何博士会不会知道猫头鹰的秘密呢？"

博士回信时间

安安：

听了你的描述，我想到一句唐诗"林暗草惊风，将军夜引弓"，而要问谁是"夜引弓"的"将军"，我想非猫头鹰莫属。

准确地说，猫头鹰是它所属的鸮形目猛禽的统称（鸮也是猫头鹰的古名）。它们共同的特征是圆脸大眼，但这双大眼睛可不是为了"卖萌"，这是捕食者的典型配置——眼睛在头部正面，大脑通过双眼视野重叠的视觉信号可判断出与目标物的距离，与之相对的，植食性动物的眼睛通常位于头部两侧以获得更大的视野范围，警惕四周。

此外，动物的视网膜中通常有对弱光敏感的视杆细胞和对强光、色彩敏感的视锥细胞，而猫头鹰的视网膜几乎充满视杆细胞。也就是说，猫头鹰牺牲了辨别色彩与细节的能力，换来了无与伦比的夜间视力。当小动物以为有夜色掩护时，猫头鹰其实早已洞若观火。猫头鹰适应了夜间生活，白天总是懒洋洋的，阳光对它来说过于强烈、刺激，以至于常常睁只眼闭只眼让眼睛轮流休息。

猫头鹰在古代的名声不好，古人讹传它的幼鸟会反噬母亲。作为大型猛禽，猫头鹰母鸟会喂养雏鸟较长时间，可能雏鸟因此有"啃老"之嫌。

中国现有30多种猫头鹰，它们都是保护动物。等夜幕降临，幽幽的晚风拂过草尖，猫头鹰将如无声的闪电，划过它所守护的山林原野。

守望"将军夜引弓"的何博士

自然学习指南 | 破案！发现中国动物

动物调查档案

头部可旋转 270°

雕鸮
Bubo bubo

目 鸮形目
科 鸱鸮科
属 雕鸮属
绘制 肖白

猫头鹰的仿生学启发 安安

猫头鹰高速飞行时犹如开启了"静音模式"。这是因为猫头鹰翅膀外缘羽毛梳子齿状的结构可以将气流"过滤"得更为细碎,气流经过翅膀内缘时,被此处羽毛穗须状的结构进一步"打散",极大地抑制了气流噪声。此外,猫头鹰体表的大量松软绒毛也有一定吸声功能。工程师尝试将同样原理的结构应用于无人机、风力发电机的桨叶上,以降低其工作噪声。

猫头鹰的无敌视野 安安

猫头鹰的眼球竟然是圆柱状的,因此无法在眼眶内自由转动。为了弥补这一点,猫头鹰演化出了复杂而精巧的脖子——足有14节颈椎,是人类颈椎数量的两倍。同时猫头鹰的颈椎动脉有能"缓存"血液的结构,当扭头引起动脉血管扭曲、血流量减少时,缓存在此的血液能及时供应给脑部。这使得猫头鹰可以轻松自如地将头部旋转270度,获得近乎无死角的全景视野,堪称动物之最。

猫头鹰的食谱 乐乐

博士说猫头鹰是守卫生态平衡的骁将。我们了解到猫头鹰的食谱中90%是啮齿类动物,一只成年猫头鹰一年能消灭上千只田鼠。如果没有猫头鹰,田鼠、家鼠、野兔等啮齿类动物凭借强大的繁殖力,很容易泛滥成灾,超过环境的承载力,也会危及农业生产。

> 多在夜间活动的猫头鹰不具备偷薯片的条件,且猫头鹰的食谱中90%是啮齿类动物,排除嫌疑。

第五章 真相大白

今天是露营的最后一晚，三人精心策划之后，将目的地定在了一处风景秀丽的深山湖畔。

傍晚时分，三人终于到了预定的露营地点。

这里的风景美如画，清澈的湖水倒映着周围的群山，周围绿草如茵，还有星星点点的野花点缀其中。大家踏着茂密的绿草，沐浴着大自然的气息，时刻感受着其中的生命与活力，瞬间舒畅无比。

不一会，暮色四合，晚饭过后，点起营火。安安和乐乐一起坐在搭建好的帐篷里，翻阅着邮件回信和这段时间查阅的资料。

"原来猫头鹰在那么黑的夜晚也能看见猎物是因为它的视网膜里充满了视杆细胞呀！"乐乐看着猫头鹰照片里的圆眼睛说着，"这样的夜视能力可比我们人类的眼睛厉害多了！"

"它们专门吃田鼠，保卫了庄稼，也守卫了生态平衡！"安安看向远方，那远处的山和大地已经融入一片温馨的夜色之中，"现在它们一定已经展翅翱翔在寂静的夜空中，成为正义的守护者！"

夜色渐浓，周围的一切变得静悄悄的，只听见蟋蟀在树丛里细声吟唱，借着营火和帐篷里的灯光，两人谈论起这位夜行者。

"起初，我还怀疑过猫头鹰呢，"乐乐不好意思地挠挠头说着，"这样一来，白天睡觉、夜晚行动的它们首先就排除'薯片大盗'的嫌疑了！"

眼看"薯片大盗"的案件已经拖了很久也没有结果，除此之外，两人也没有找到果果心仪的宠物，安安和乐乐内心早就像是这段时间的雨季一样,仿佛有一片乌云笼罩着。

但有件事,安安这段时间一直埋藏在心里,让她总觉得有些愧疚。

"调查了这么多动物,我渐渐明白,有时候,丑陋或有着刻板印象的动物并不一定是坏的,"安安将笔记递给乐乐,"我害怕的蚯蚓、偷吃稻谷的麻雀,还有凶猛的猫头鹰,它们都是维持生态平衡的功臣!"

安安的这番话也让乐乐关注起这些曾经被大家"冤枉"过的动物,让乐乐若有所思,"今后调查中,我们应该收起这些偏见,何博士说得对,要看到它们为大自然做出的贡献!"

就在这时,透过月色,几点翩翩飞舞的身影吸引了两人的注意。

"快看,那是什么?!"

这飞来飞去的黑色身影激起了安安和乐乐的好奇心,两人壮着胆子走近了想一探究竟。

本以为是归巢的鸟,没想到是一群像是长着翅膀的老鼠。它们在黑夜中翩翩起舞,有几只还倒挂在不远处的枝头。

"这是什么呀?"乐乐既好奇又紧张,安安躲在乐乐身后,两人拿着手电筒,迈着碎步一点点靠近观察它们。

这种动物浑身上下都是黑色,虽然头部长得既像老鼠又像狐狸,但上肢却是一对像鸟类一样可以在空中飞翔的翅膀,把身体紧紧包裹起来,并用像小钩子一样的爪子将自己牢牢挂在树枝上。那悠闲且轻盈的身姿,就像是一个熟练的杂技演员。

就在两人想更靠近一步时,乐乐的爸爸急忙从身后拦住了他们,对他们说到:"这是蝙蝠,它们身上有着许多的病毒,简直就是一个移动的病毒库呢!"

乐乐爸爸的话一下子把两人吓回了帐篷,把自己蒙进毛毯里面。

"等等,这就是蝙蝠吗?"安安想起它们的名字,连忙露出脑袋对乐乐说着,"记得小时候回老家,爷爷跟我讲过,它们可是专吃害虫的益兽呢!"

乐乐简直不敢相信自己的耳朵,外表唬人的蝙蝠实在是让人不能把它们和益兽联系在一起。但乐乐突然记起博士和安安的话——动物一样不可貌相,这才感到一阵羞愧。

"'薯片大盗'看来也不会是它了,"乐乐放下身上的毛毯,看向帐篷外那些挂在树上的黑影,"我要请教一下何博士,好好了解一下蝙蝠!"

博士回信时间

乐乐：

　　如果蝙蝠能开口，那它肯定要好好辩诉。无论是古老的寓言里还是西方文化中，甚至在今天，蝙蝠都因"尖嘴猴腮"的外表而饱受嫌恶。

　　其实，人类加在蝙蝠身上的许多想象都源自它的生理构造和习性，只是早先对蝙蝠的认识不够科学，才使它蒙上了神秘而可怕的色彩。蝙蝠是唯一一种会飞的哺乳动物，覆有皮膜的前肢就像翅膀，它的后腿短小，几乎无法站立（为了飞行，蝙蝠舍弃了很多重量），在地面只能以匍匐爬行的姿态活动，很难起飞，而倒挂时只要松脱后爪，就能在下落中伸展翼膜灵活起飞。蝙蝠白天倒挂在阴暗僻静处休息，晚上才会"施展拳脚"，这种昼伏夜出的习性是因为它的猎物多在夜间活动——全世界有1300多种蝙蝠，只有3种吸食动物血液，绝大部分以昆虫和植物为食；榴莲等许多热带植物也依赖蝙蝠授粉而得以繁衍、扩散。所以说，蝙蝠在调控昆虫数量、维系植物群落方面起着积极作用。

　　蝙蝠的确携带大量病菌，有近200种病毒可寄生在蝙蝠体内，但蝙蝠却安然无恙。我们应该探究其中的原理，而不是简单地把蝙蝠视作"恐怖分子"。很多疾病反而是人类侵犯野生动物的家园、伤害野生动物的生命时感染的，需要检讨的并不是蝙蝠。从这个角度来说，保护野生动物，就是保护人类自己。

为蝙蝠抱不平的何博士

自然学习指南 | 破案！发现中国动物

动物调查档案

普通蝙蝠
Vespertilio murinus

目 翼手目
科 蝙蝠科
属 蝙蝠属
绘制 郑秋旸

"飞将军"
安安

统计，蝙蝠一年能捕食相当于自身体重 100 倍甚至 150 倍的昆虫，其中相当一部分是会传播疾病、危害农业的蚊蝇等害虫。难怪蝙蝠会被称为"飞将军"！

蝙蝠与病毒

乐乐

干扰素是免疫系统对抗病毒感染的第一道屏障，动物通常在受到病毒感染后才启动干扰素，但蝙蝠体内的干扰素是持续性的，一直处于工作状态，让病毒"无机可乘"。随着病毒感染加剧，免疫系统中的自然杀伤细胞会启动，但同时也会伴随体温升高、出现炎症等反应。而蝙蝠的自然杀伤细胞会释放出抑制信号，使蝙蝠对病毒感染处于耐受状态，不会产生剧烈的炎症反应而威胁自身健康。蝙蝠最终与各种病毒建立了平衡关系，成为对病毒耐受力最强的哺乳动物之一。

蝙蝠的回声定位

乐乐

蝙蝠在夜间活动靠的是声音和耳朵——它们的口鼻部会发出超声波，超声波遇到障碍物反射回来，蝙蝠接收到后会迅速调整飞行方向，以此追捕猎物、规避障碍。

蝙蝠纹样

安安

不同于蝙蝠在西方文化中的形象，中国传统文化中的蝙蝠是一种瑞兽，因为"蝠"和"福"谐音，蝙蝠成为经典的吉祥纹样，经常出现在衣服、家具、工艺品上。

夜间活动的蝙蝠没有偷薯片的条件，排除嫌疑。

愉快的露营之旅结束了，安安和乐乐的假期也接近了尾声。正好今天早上凉快，两人约好在乐乐家的院子里打网球。

刚来到乐乐家，安安就被院子里玉兰树上传来的叫声吸引了。只见两只黑白相间的大鸟在窝里忙活着，不知在做些什么。

"那是喜鹊！"乐乐走到安安身边，对安安说道，"它们在喂养鸟宝宝呢！"

安安没想到这么美丽的野生动物就生活在我们身边，她还是第一次这么近距离地接触喜鹊——它们黑白相间的羽毛在阳光下泛着绸缎似的光泽，肚子上的绒毛洁白如雪。

"喜鹊搭的窝，还得从今年的3月份说起，"乐乐激动地对安安说着，"那时玉兰树的新芽还没抽出来时，它们搭起了自己的窝。喜鹊的窝可比一般的鸟窝坚固、饱满，简直称得上'豪华'，我亲眼见证了它们完成了这项了不起的工程！"

安安听乐乐说着，不一会，这两只喜鹊从两人的头顶飞过，安安赶紧拿出手机拍下了它们翱翔的优美身姿。

"没过几天，玉兰花就开了，巢里不时传来喳喳的啼叫声，"乐乐继续说着，"当鸟妈妈和鸟爸爸频频叼着虫子回来的时候，我就知道是鸟宝宝诞生了！"

现在算下来，这一窝的小喜鹊一定长大了不少，马上要到出巢的时间了，听着乐乐讲述它们成长的故事，安安真替鸟爸爸和鸟妈妈高兴。

"它们翱翔的样子可真好看，这样忙碌的身影，应该不会是'薯片大盗'吧……"安安看着相册里喜鹊的照片，"猜一猜何博士认不认识这种鸟！"

博士回信时间

安安：

　　你好，很高兴收到你的来信。全世界已知的鸟类近1万多种，中国就有1500多种，而我猜你和乐乐看到的是喜鹊。

　　寓意着吉祥、美好的喜鹊是当之无愧的"建筑大师"，它们的巢会更接近立体的球形，外层多由结实的枝条和泥土混合编成，内层则铺垫着干草、兽毛等柔软的材料，可见喜鹊父母的用心程度。同时，多雨地区的喜鹊巢还会有防雨的"屋顶"，出入口精心设在向阳背风的一侧，以利于保暖。这里我要提醒一下，可别写错喜鹊的名字。"鹊"和"雀"读音一样，都是表示鸟儿，很容易弄混淆。

　　另外，你在信里提到了鸟类特有的运动方式——飞翔。没错，大部分鸟类的身体构造都是为飞行而"打造"的。我们都知道，有翅膀才可以飞翔，鸟类往往拥有强大的胸部肌肉以带动翅膀运动。它们在起飞时张开翅膀，然后上下扇动，当它们下压翅膀时，翅膀上的"飞羽"就会变成水平的，从而向下推动空气，让鸟获得向上飞的升力。除了升力，鸟类想要往前飞行，还需要翅膀上的"初级飞羽"来为它提供推力。而它们身体末端的尾羽，则可以帮助它们在空中减速或转向。不仅如此，鸟的骨骼还是中空的，而且它们肠子很短，排泄很快，所以它们的身体很轻，能够更轻易地让空气把自己"举"起来，也就更容易飞起来。

　　孔子说"多识于鸟兽草木之名"，多多认识身边的小动物一定能让你发现不一样的风景。期待你的再次来信！

鸟类的
好朋友何博士

自然学习指南 | 破案！发现中国动物

动物调查档案

喜鹊
Pica serica

- 目 雀形目
- 科 鸦科
- 属 鹊属
- 绘制 肖白

喜鹊的食物　乐乐

经过查阅资料，我们发现椿象、象鼻虫、蝗虫、金龟子这几种昆虫是喜鹊常吃的。

"鹊"与"雀"的区别

安安

为了更好地研究动物,动物学家根据动物之间相同、相异的程度与亲缘关系的远近,对它们由高到低进行界、门、纲、目、科、属、种的逐级分类。以我们生活中常见的喜鹊和树麻雀为例,它们在动物界的分类是这样的:动物界—脊索动物门—鸟纲—雀形目—鸦科—鹊属—喜鹊;动物界—脊索动物门—鸟纲—雀形目—雀科—麻雀属—树麻雀。由此可见,尽管读音相同,但"鹊"和"雀"是不同科的两类鸟,不能混淆。

喜鹊的近亲

安安

在查资料的时候,我发现喜鹊还有几位同一科下的"近亲":灰喜鹊:外形酷似喜鹊而体型稍小,嘴巴和头是黑色的,翅膀和尾羽是蓝灰色的;红嘴蓝鹊:体型较大,喙和脚是红色的,身上大部分呈现紫蓝灰色到淡蓝灰色的色泽;蓝绿鹊:全身主要为草绿色,头侧有黑色条纹从眼睛周围延伸到后颈,非常醒目。

喜鹊在夏季多以昆虫为食,不具备偷盗薯片的嫌疑。

每年初秋季节，李伯伯总是邀请孩子们来老家的果园，摘一大堆的果子让孩子们带回家。今年安安和乐乐也受到邀请，来到李伯伯老家的果园摘苹果。

安安和乐乐一直都很向往田园的生活，因为那里的蝉鸣声比城市的更加欢快和响亮，充满着泥土和花草味道的空气也更加清新舒畅。漫步在田间，总能听到辛勤劳作的人们在那欢声笑语。到了傍晚，劳累了一天的人们拿着蒲扇坐在大树底下，尽情地聆听蟋蟀和青蛙的合唱，那股惬意是城市里无法享受到的。

但是，田园生活也并不总是那样美好——房屋前后的老鼠洞随处可见，家里的东西也经常出现被啃咬的痕迹，这大概是农村生活唯一的坏处吧。

而今天，安安和乐乐没看到老鼠，但是恰好碰见护林员在救护"三有"动物，其中包括几只从盗猎陷阱里解救出来的黄鼠狼。

安安和乐乐从来没见过黄鼠狼，它们虽看起来像狐狸，但它们的名字里却有"狼"字，这让安安和乐乐有些好奇。

面对这些被笼子关起来的黄鼠狼，有人提议在村子里放归，以平息鼠患。听到这里，安安和乐乐原本以为放"狼"归山是一件很恐怖的事情，没想到大家竟都赞同这一想法，感到有些震惊。

"原来黄鼠狼吃老鼠呀！"安安对旁边的乐乐说到，"但……放'狼'归山真的可以吗？"

"不如，我们问一下何博士吧！"

博士回信时间

真相大白 | 第五章

安安：

　　老鼠可以说是最不受欢迎的动物之一了，和麻雀类似，处于食物链底端的老鼠也供养了一大批猎食者，这是老鼠的生态价值。但老鼠对农业生产和社会生活的危害程度更高，人们不得不利用天敌进行干预，以减少对环境的影响。

　　在老鼠的众多天敌中，黄鼠狼有着独特的优势。黄鼠狼身体瘦长、四肢短而有力，正是为了钻进狭窄洞穴而特化的体形，它会深入曲折的地道将整窝老鼠"一网打尽"。

　　黄鼠狼所在的鼬科（黄鼠狼的标准中文名正是黄鼬）是食肉目下体型最小的类群，但这群小家伙却有着与身材不相称的战斗力。黄鼠狼的体长通常只有25~30厘米（其中一多半是尾巴的长度），体重0.5千克左右，但捕猎体重数倍于自身的野兔也不在话下，堪称迷你版的悍勇斗士。冬季换毛后的黄鼠狼皮毛细密柔滑，还有一定经济价值，尾毛是制造狼毫笔的原料。

　　但长期以来，这位迷你斗士总是在民间文化中饰演"反派"。实际上，黄鼠狼偷吃家禽并非常态，往往是因为在自然环境中获取不到足够的食物。它其实是"受害者"。

　　放"狼"归山吧，黄鼠狼本就属于山野，贪欲和涸泽而渔的发展观念才是真正的"虎狼"，要用法律和社会公德的锁链牢牢制约。

支持放"狼"归山的何博士

动物调查档案

黄鼬
Mustela sibirica

目 食肉目
科 鼬科
属 鼬属
绘制 郑秋旸

古人眼中的黄鼠狼 安安

黄鼠狼的古名叫"鼪"。它因为吃老鼠而被民间叫作"鼠狼"。将"黄鼠狼"这一名字发扬光大的当属中国古代的医药学、博物学巨著《本草纲目》,在介绍黄鼠狼时李时珍强调"此物健于搏鼠",可见在古人眼中黄鼠狼是善于捕鼠的益兽。

黄鼠狼和貂

安安

护林员叔叔说,黄鼠狼皮毛柔顺,有不法分子捕捉黄鼠狼以冒充貂皮(当然,偷猎貂也是违法行为),我们想知道黄鼠狼和貂有什么区别,于是我们请教了护林员叔叔,也翻阅了不少图书,终于了解了它们的区别:黄鼠狼是食肉目鼬科鼬属,它们全身皮毛为黄褐色、杏黄色或金黄色,面部毛色深而近黑;貂是食肉目鼬科貂属,它们的毛色更深,多为褐色、黑褐色,体型比鼬属成员大,另外,野生貂通常生活在寒冷地带,主食是鱼类。

黄鼠狼的化学武器

乐乐

食物链是一条环环相扣的链条,黄鼠狼也是更强大捕食者的猎物。它拥有独特的自卫手段——《本草纲目》里记载"其气极臊臭"。黄鼠狼的肛门旁有一对臭腺,可以喷射多种硫化物混合的、具有强烈刺激性的恶臭分泌物,就像"毒气弹"一样,能让敌人恶心、眩晕,甚至中毒,不得不放弃攻击。

> 黄鼠狼的食物主要是小型哺乳动物,排除偷盗薯片嫌疑。

调查结果

坐在电脑前查阅资料的安安被一则发生在西藏阿里地区的"惨案"吸引——一户牧民的数只羊被诡秘的雪山来客袭击。

"雪域高原的王者？原来完达山1号并不是唯一一只下山闯入人类生活区域的野生动物呀！"安安读着这起骇人听闻的"惨案"，"人与动物共存的问题看来真的需要我们人类去好好思考它了！"

这位有着非凡身份的"雪山之王"就是分布于中国西部和中亚高山地区的雪豹。但随着全球变暖范围的扩大，雪豹栖息地被破坏，长期威胁着它们的生存。

通过查阅资料，安安发现，雪豹厚实的皮毛不仅可以帮助它们很好地抵御严寒，可以使它们在岩石堆中直接"隐身"！不可否认，这正是各个物种在自然界中优胜劣汰、物竞天择的结果。

"躲在岩石之间等待猎物靠近然后瞬间击杀，这'隐身术'颇有逍遥仙侠的味道，雪豹不愧被称为'灰色幽灵'啊！"安安看着雪豹的纪录片，不禁赞叹道。

安安欣赏着雪豹那一身像水墨画一样的波点花纹，在它灰白色的毛发上显得格外好看。

"我没记错的话，所有豹类的花纹都有它们各自的特点！"安安说着，查阅起这些大型猫科动物的资料，"将雪豹与其他的豹类好好做一下对比，这一定是一个有意思的事情！"

雪域高原的王者

《动物日报》
—— 七月特刊 ——

2022年11月,西藏阿里地区昆莎乡一户牧民的羊圈里发生了一起"惨案"——数只羊被袭击,倒在血泊中,"肇事者"留在案发现场,但闻声而来的人们并没有捉拿它,因为它有个非凡的身份——雪域高原的王者:雪豹。

雪豹分布于青藏高原、天山山脉、阿尔泰山脉等中国西部和中亚的高山地区,常在雪线附近和雪地间活动,因此得名。雪豹灰白色的皮毛上错落有致地点缀着黑色斑点,在岩石漫布的高山环境中是理想的伪装色,加上它们昼伏夜出,警惕性很高,所以人们极难一窥野生雪豹的真面目。这为雪豹笼罩上了一层神秘色彩,让它成为雪山居民心中的神兽。

但是近年来,这些行踪诡秘的雪山来客却频频制造出类似的袭击事件。有人认为雪豹会在食物短缺时为了生存冒险袭击家畜,这是它们固有的习性;也有研究者分析,雪豹频繁现身说明它们的种群数量变多,值得欣慰,毕竟这一美丽而神秘的动物由于气候变化和人类活动的干扰,一度濒临灭绝。雪豹捕食家畜的事件既是生态变化的风向标,也折射出人与动物和谐共存的问题。(●特约记者 何博士)

保护等级	国家一级保护动物
种群现状	我国境内约有5000只野生雪豹
主要保护措施	2013年,中国等12个国家签署了全球雪豹种群及其生态系统保护项目,国家林业局将保护雪豹列为优先任务之一,并启动了《中国雪豹保护行动计划》,减少人类活动对雪豹栖息地的影响,恢复和维持山地生态系统的平衡。

自然学习指南 | 破案！发现中国动物

动物调查档案

雪豹
Panthera uncia

目　食肉目
科　猫科
属　豹属
绘制　许可欣

雪豹不是豹

雪豹虽然名字里有"豹"，但并不是真正意义上的豹子，只是形态与豹子很像，类似的动物还有美洲豹、猎豹、云豹等。实际上，雪豹与虎的关系更近。

雪域高原的生存秘籍

安安

雪域高原环境严酷，雪豹有一套独到的"生存秘籍"：为了在植被稀疏、岩石嶙峋的高海拔地带伪装自己，雪豹的毛色明显不同于其他大猫的草黄色，而是呈现出介于深奶油色和清爽的烟灰色之间的灰白色，这种色调正是阳光照耀下岩石的颜色；为了抵御高原零下数十度的严寒，雪豹拥有毛发密度是家猫20倍的皮毛；为了适应复杂崎岖、遍布悬崖断壁的山地地形，雪豹拥有绝佳的弹跳力，一跃可达15米远，甚至可以原地凌空起跳。雪豹还非常擅长突袭和伏击，它们常常以此来捕猎。

雪豹的纹理特征

安安

我和乐乐一起观察了各种豹纹的特征，辨识它们的种类，我们发现豹类背部的花纹非常典型，可以作为识别它们的标志。美洲豹：花纹呈花瓣状，稀疏且形状较大，中间有黑色的实心斑点；豹（俗称豹子）：花纹也呈花瓣状，但较浓密且形状较小，中间是空心的；雪豹：花纹略呈黑色的空心圆，形状较大，且经常由于毛长而显得不清晰；猎豹：花纹是圆而小的黑色实心斑点。

美洲豹

豹

雪豹

猎豹

雪豹分布于中国西部和中亚高山地区，不会在这里偷薯片，排除嫌疑。

在离安安和乐乐家几十公里处有一个拥有大型农耕园的生态公园。趁着周末，安安和乐乐两家准备一起去农业园放松一下，顺便参观一下那里的农作物。

两家人驱车来到农业园，一下车，映入眼帘的就是大片的有机农作物，这样壮观的农田生态系统，让人感受到了无限向上的生命力。

安安和乐乐除了体验采摘农作物外，还有一个小小的任务——去发现农场里的小动物。很快，乐乐就在一个蔬菜地里发现了一窝灰白色的蛋，它们的大小和形状就像是稍微拉长的蚕茧。

好奇的乐乐连忙喊来还在一旁草丛里观察蜜蜂的安安。

"这是鸟蛋吗？"安安和乐乐讨论着这些奇特形状的蛋，"鸟妈妈怎么会将它们产在地上呢？多危险啊！"

幸好技术员叔叔就在他们不远处，不过询问后得知的结果却让两人的心直接提到了嗓子眼——这根本不是什么鸟蛋，而是一窝蛇蛋！

胆小的安安一下子警惕起来，这可是她第一次见到蛇蛋，生怕身旁草丛忽然窜出一条蛇。

"要不……我们走吧？"听到是蛇蛋的安安吓得东张西望，"如果碰上蛇妈妈，我们就惨了！"

在一旁听到结果的乐乐也没好到哪去，原本的好奇心一下子没了，拉着安安离开了那处危险之地。

"如果真遇见了蛇，我们该怎么办呢？"安安魂不守舍地问着乐乐。

"何博士肯定会告诉我们该怎么做的！"乐乐喘着粗气说道，"不过，来无影去无踪的蛇，会不会跟'薯片大盗'有关呢？"

博士回信时间

安安：

蛇是一类爬行动物。正如你们发现的蛇蛋那样，绝大多数的蛇都是卵生的，也有少数是卵胎生的。

蛇也是一个种类繁盛的大家族。全世界有3000多种蛇，其中最大的森蚺粗壮如成年人的腰围，最小的盲蛇细小到会被误认为是蚯蚓。

蛇的文化历史同样悠久，在人类文明之初，蛇就给人类留下了神秘、强大的印象。比如古希腊神话中的诸多神灵是蛇的形象或与蛇有关，古埃及法老的头冠常以蛇为装饰，中国古代传说中的伏羲和女娲，源远流长的华夏图腾——龙的灵感之一也源自蛇。古今中外，有关蛇的寓言、典故和神话更是不胜枚举，很少有哪种动物像蛇一样在人类文化中有着如此复杂的象征意义，人对于蛇也形成了恐惧、厌恶、好奇、敬畏、崇拜等交织的复杂感情。

但蛇也并非像人们想象的那般"强大"。作为爬行动物，蛇自身无法产生和维持恒定的体温，因此，蛇的生存繁衍受环境和气候的影响很大。"冷血"的蛇其实也是脆弱的，不必对"蛇出没"如临大敌，这反而是生态系统运转良好的标志。蛇分为有毒蛇和无毒蛇，它们极少主动攻击人，如果我们在野外偶遇了蛇，最重要的就是保持镇定，缓缓后退，不要去惊扰它。

无论你是希望多看到这些害羞的邻居，还是想尽可能避免和它们打照面，都应当多了解一点关于它们的知识。了解越多，偏见便越少。

期待蛇蛋孵化的何博士

自然学习指南 | 破案！发现中国动物

动物调查档案

黑眉锦蛇
Elaphe taeniura

目 有鳞目
科 游蛇科
属 锦蛇属
绘制 李亚亚

别跑！

蛇的"秘密武器"

乐乐

蝮蛇科的蛇能在夜间准确追踪、攻击猎物,这是因为它的眼窝下的小孔里藏有红外感受器官,能探测猎物的温度。受此启发,美国的科学家曾研发了一款导弹,通过锁定敌机发动机产生的热量,引导导弹进行攻击。这和蛇借助红外线感受器官捕猎的原理很相似,这款导弹的名字也正是以给科研人员带来灵感的"响尾蛇"命名的。

蛇的舌头

乐乐

安安说蛇吞吐不停、尖端分叉的舌头很让她害怕,我想,蛇有这样奇特的习性自然是有理由的。通过查询资料,我知道了舌头是蛇的嗅觉器官,蛇不停地吐舌,正是在用舌头采集空气中的气味颗粒,以此来感知周边的环境。蛇的分叉舌尖可以采集不同方向的气味分子,传回给感受器官(犁鼻器),从而帮助大脑快速评估哪边的气味更强。

蛇的双舌尖有利于分辨味源的方向,就如同人的双耳有利于分辨声源的方向。

蛇的功劳

安安

蛇对于维护生态平衡很有益。比如钝头蛇属的蛇类是农业害虫蛞蝓的天敌;草原蝰一个夏季能消灭大量蝗虫。至于中国乡下十分常见、被亲切地称为"家蛇"的黑眉锦蛇,更是一年可以捕食近 200 只老鼠。粮食丰收也少不了蛇的一份功劳。

蛇是食肉动物,排除偷盗薯片嫌疑。

「薯片大盗」

清爽的秋风把李伯伯庭院里的桂花树吹得阵阵飘香，空气中满是清甜的味道。

中秋节的傍晚，孩子们坐在桂花树下的小桌子上，吃着月饼聊着天。西瓜也乖巧地趴在安安的脚边，尾巴有节奏地摇晃着，仿佛与此刻的夕阳共舞。

一见面，果果就缠着安安和乐乐，想要听他们讲小动物。

安安拿出这段时间两人一起整理的动物笔记，还没来得及说话，果果就惊讶地"哇"了一声。原来，这半年时间里，安安和乐乐调查的小动物整整记录了四个册子！里面不止有为果果挑选出的伴侣宠物，还有这段时间出现在身边和观察搜集到的野生动物们……

安安和乐乐把这大半年来去过的地方、遇见的动物们，以及发生的所有趣事都讲给了果果，包括聪明的乌鸦是怎么吃到树里面的虫子的，邻居哥哥家"越狱"的小松鼠，公园里过马路的野生小刺猬，和雪糕"大战"之后断尾逃生的壁虎，吓哭安安的蚯蚓，甚至还有两人去农业园发现的恐怖蛇蛋……

乐乐学着安安被蛇蛋吓到惊慌失措的滑稽样子，大家笑得停不下来。也许是对小动物有着与生俱来的喜爱，孩子们聚在一起总有说不完的话，欢声笑语回荡在整个院子里。

虽然果果没有挑选到的宠物朋友，但是一听到安安和乐乐讲起"薯片大盗"事件，她总是听得最认真。毕竟作为零食多次被盗的"受害者"，果果早就想抓住这个可恶又狡猾的"小偷"了！

真相大白｜第五章

奈何安安和乐乐每次想起这个悬而未决的"案子"，感觉头都要大了。

"到底是谁偷走了薯片的呢？"安安看向远方的天空，落日把周围的房屋都镀上了一层金色，灰蓝色的天空中有几颗明亮的星星开始闪烁，但都比不过云层后那若隐若现的圆月。

"快看今天的月亮！"安安喊着身旁的两人，"又白又亮，难怪李白会觉得月亮是'白玉盘'！"

乐乐和果果这才抬头看到天上的明月。惊呼之后，三人站起身，站到大门口的石头阶上，好像离月亮更近了。

"中秋还是团圆的节日，苏轼在他那首《水调歌头》写'但愿人长久，千里共婵娟'"乐乐望着月亮，想起在语文课上学习过的古诗，"这个'婵娟'在这里指的就是月……"

话音还没落，西瓜的叫声突然传来，紧接着的是背后"哗啦"一声清脆的响声！

被吓了一跳的三人回头一看，是桂花树下盛放月饼的盘子摔碎在了地上，盘子里的月饼不见了！留下的，只有地上盘子碎片里的月饼残渣。

西瓜叫得更厉害了，大家这才发现旁边草丛有一个身影在飞快移动。只见那身影以迅雷不及掩耳之势蹿到了院子一个不起眼的角落，大家根本看不清那团影子是什么。

　　"不好！"回过神来的乐乐叫出了声音，"是'薯片大盗'！一定是它！我们快追！"

　　听到是"薯片大盗"，安安和果果想都没想，带着西瓜连忙跟上乐乐的步伐追了出去。

　　可那团影子跑得飞快，总是在拐角处甩开他们，可见它的狡猾之处。虽然路上有些许障碍，但好在有西瓜对它紧追不舍，冲在了捉拿"薯片大盗"队伍的最前面。这时的乐乐庆幸自己每晚的公园夜跑可算是没有白练，要不然这紧要关头，可就跟不上西瓜了！

　　终于，安安和果果也追了上来，却只见乐乐抱着西瓜蹲在前面不远处一个老房子的墙角，不知在看什么。

　　"嘘！"乐乐回头示意走过来的安安和果果小声一点，两人点头后，蹑手蹑脚地走到乐乐旁边，一同蹲了下来。

　　几人的视线落在眼前这所破旧老房子里，一个瘦弱的小身影在舔舐着自己的爪子。借着暮色，几人才看清那是一只黑黄白三色相间的小猫，虽然体型瘦小，但看得出脏兮兮的毛发下，样子很是俊俏。

　　"你们猜我看到了什么？"乐乐的手指向它的小窝，轻声对旁边的两人说着，语气却掩饰不住的喜悦，"我发现了果果薯片包装袋的碎片！'薯片大盗'一定就是它！"

　　"我们找到了证据！"安安小声地欢呼道，"没想到，'薯片大盗'竟然是一只小流浪猫呀！"

　　可惊喜不过三秒，大家看到它简陋的居住环境不由有些心疼,"它一定是找不到东西吃了,才去偷果果的零食的……"

一旁的果果好像发现了什么,小心翼翼地慢慢靠近它。

大家本以为那个小家伙会继续逃窜,但看见慢慢靠近的果果,却小步往果果的方向走了几步,顺势坐了下来,摇着小尾巴歪头看着果果。

突然,果果激动地回头对安安和乐乐说:"你们看,它前腿上的花纹形状和我胳膊上的胎记好像呀!"说完,便兴奋地给两人看自己胳膊上的月牙形胎记。

两人凑近一看,果然,这只小猫有着和果果胎记一样形状的月牙形花纹。更巧的是,胎记在果果的右手臂,而花纹在小猫的右前腿上!

"我想收养它!"果果兴奋地说着,"我想,我找到我的宠物朋友了!"

"太好了!何博士要是知道这件事,一定会开心的!"

何博士：

　　我和乐乐忍不住要跟您分享一个好消息，我们当了一回动物侦探，抓到了多次偷果果零食的"薯片大盗"！

　　为了抓到它，我们调查了许多的动物，很多无辜的小动物也成了我们的"嫌疑犯"——不仅有邻居家的小宠物，也有我们身边的各种野生动物等等。我们甚至还从您的《动物日报》里发现了不少"不请自来"的野生动物们，了解它们真的让我们又惊又喜。但也正因为我们对"嫌疑"动物们的怀疑，使我和乐乐在查阅资料和与您通信的过程中更加了解这些动物们，知道它们对生态做出的价值，以及拥有的科学和社会价值！

　　博士您猜猜看，让我们伤脑筋的"薯片大盗"是谁呢？就在中秋节的那天晚上，我们发现"薯片大盗"竟是一只瘦小的流浪猫！说起来，果果一直想养一只特别的小动物作为宠物，当她见到这只小猫时，并没有生气，而是非常开心。因为果果告诉我们，小猫的前腿上有着和她手臂胎记一样的图案花纹！这一定是上天注定的巧合呀！为了不让它继续再流浪，果果决定将这只特别的小流浪猫收养下来，我和乐乐真替她高兴！

　　调查和了解动物的过程总是令人激动，我和乐乐专门把它们分类记在了不同的笔记本上，还给它们配备了作为鉴定动物依据"标准照"呢！

　　最后，非常感谢您这段时间与我们分享的有关动物的许多奇趣知识，了解动物的过程让我们变得对它们更加感兴趣。作为动物小侦探，我们会继续去发现更多的小动物！

喜欢动物的安安、乐乐

安安、乐乐：

　　看得出来，"薯片大盗"水落石出是一件不容易的事，恭喜你们侦破"薯片大盗"的案件，这也是一件值得开心的事。

　　当我得知"薯片大盗"是一只流浪猫时，我感到很痛心，好在你们可以将它收养，这令我非常感动。其实，流浪动物的寿命大多在3年以内，它们很少能挺过寒冷的冬天，因此，冬季是它们死亡的高发季。而且，流浪动物们每天过着食不果腹的日子，生存情况非常艰辛。而一些被半路遗弃的家养宠物，它们不像野生动物一样有着从长辈那里获取的生存技能，也很难回归到野外的族群，时常会遭受到排挤，会更加无助和痛苦，因此有时不得已，它们会选择偷吃人类的食物。

　　目前，全世界有着将近2亿无家可归的流浪小动物，而在中国的流浪动物的数量就约为4000万只，占全世界流浪动物的五分之一。这些流浪小动物们也有感情，在这个世界里同样渴望被爱，渴望一点点的温暖与关怀。而作为人类，我们一旦养了伴侣动物就要爱护它，给它们从一而终的照顾。不弃养、不伤害，是我们每个人都能做到的最简单的事情。

　　另外，你们也发现了，我们不应当只关心像大熊猫、金丝猴等名声在外的明星动物，我们要看到那些不起眼的、那些默默陪伴在我们身边的、那些被人们嫌弃甚至厌恶的、那些时常化身不速之客的动物，它们没有明星光环，却依然奋力生存。它们同样值得我们关注，同样是"中国动物"的代表。

　　我相信，小小的关爱和行动可以带来巨大的改变，也感谢你们跟我分享与身边动物的有趣故事。期待你们记录下来更多动物有趣的观察所得，让你们的手账笔记本越来越丰富、多彩！

关爱动物的何博士

自然学习指南 | 破案！发现中国动物

动物调查档案

名字 <u>薯片</u>
科 <u>猫科</u>
属 <u>猫属</u>

"薯片大盗"本盗

我们终于找到了"薯片大盗" 安安

中秋那天傍晚,发现"薯片大盗"之后,我们立刻去找了大人来,一起带回了这只瘦弱的小流浪猫。这只黑白黄相间的小猫在大家的帮助下,第一时间被送去了宠物医院,医生也立刻给小猫做了检查。

检查过程中,小猫一声不吭,看得出来它还对周围的环境感到些许陌生和害怕,但是很明显,小猫性格乖巧地令人心疼。好在一系列检查下来发现它非常健康。洗浴后更像变了一只猫一样,干净顺滑,不再像流浪时那样那脏兮兮了。

医生说,这种有三种毛色的小猫也是本土小猫的一种,很多人会叫它"三花"。后来,我和乐乐查了资料之后发现,中国古人还给这种白色肚皮、额头有黑黄毛发的小猫取了雅称——吼彩霞。我没有查到为什么,但是乐乐猜测,这个名字就好像在说它头顶的毛发像彩霞一样。

不过,这个雅称和"薯片大盗"没什么关系了,把小猫接回家后,果果给它取了个新名字——薯片。

我和乐乐笑了很久,但是小薯片终于不用再跑去别人家里偷薯片了,因为果果给它准备了许多猫粮和猫罐头。果果跟我说,她以后一定会好好照顾小薯片的。

就这样,这次的破案之旅终于告一段落,但是我们的动物调查档案还没有完结。我已经和乐乐约定好了,未来去更远的地方看更多的动物。

说不定,等果果长大了还可以和我们一起呢!

小薯片有家啦!
——果果
调查结果

版权专有　侵权必究

图书在版编目（CIP）数据

自然学习指南 . 破案！发现中国动物 / 米莱童书著绘 . -- 北京：北京理工大学出版社，2024.9
　ISBN 978-7-5763-3939-0

Ⅰ . N49；Q95-49

中国国家版本馆 CIP 数据核字第 2024LR7299 号

责任编辑 / 张　萌　　文案编辑 / 张秀婷
责任校对 / 刘亚男　　责任印制 / 王美丽

出版发行 / 北京理工大学出版社有限责任公司
社　　址 / 北京市丰台区四合庄路 6 号
邮　　编 / 100070
电　　话 / (010) 82563891（童书售后服务热线）
网　　址 / http ://www.bitpress.com.cn

版 印 次 / 2024 年 9 月第 1 版第 1 次印刷
印　　刷 / 雅迪云印（天津）科技有限公司
开　　本 / 710 mm × 1000 mm　1/16
印　　张 / 9
字　　数 / 170 千字
定　　价 / 38.00 元

图书出现印装质量问题，请拨打售后服务热线，负责调换